U0157084

含章 ⑪⊹
新实用

美食菜谱 / 中医理疗
阅读图文之美 / 优享健康生活

煲一碗好汤

尚云青 于雅婷 主编

江苏凤凰科学技术出版社

图书在版编目（CIP）数据

煲一碗好汤 / 尚云青，于雅婷主编 . -- 南京 : 江苏凤凰科学技术出版社 , 2020.5

ISBN 978-7-5713-0712-7

Ⅰ . ①煲… Ⅱ . ①尚… ②于… Ⅲ . ①汤菜 - 菜谱 Ⅳ . ① TS972.12

中国版本图书馆 CIP 数据核字 (2020) 第 001296 号

煲一碗好汤

主　　　编	尚云青　于雅婷	
责 任 编 辑	樊　明　祝　萍	
助 理 编 辑	向晴云	
责 任 校 对	杜秋宁	
责 任 监 制	方　晨	

出 版 发 行	江苏凤凰科学技术出版社
出版社地址	南京市湖南路 1 号 A 楼，邮编：210009
出版社网址	http://www.pspress.cn
印　　　刷	北京博海升彩色印刷有限公司

开　　　本	718mm×1000mm　1/16
印　　　张	14
插　　　页	1
字　　　数	210 000
版　　　次	2020年5月第1版
印　　　次	2020年5月第1次印刷

标 准 书 号	ISBN 978-7-5713-0712-7
定　　　价	45.00元

图书如有印装质量问题，可随时向我社出版科调换。

一碗汤，为全家人的健康护航

　　家庭是社会最基本的组成单位，和谐的家庭推动着整个社会的发展。在现代中国家庭中，男性在外面打拼，承担大部分生活责任；女性除了相夫教子，也和男性一样要面对工作的压力；老人为家庭和社会贡献了青春和精力，应该安享晚年；孩子是未来的希望，是生命的传承，需要好好培养。每个成员的健康是家庭幸福的保证，也是社会发展的推动力。

　　怎样让身体保持健康呢？除了运动和锻炼，饮食养生也非常重要。汤作为传统饮食的重要组成部分，历史源远流长，兼具食疗、养生功效。尤其是养生汤，其根据药食同源的理论，采用食材搭配的方法，因制作简单而营养丰富，兼具保健价值而备受青睐。

　　就像承担的社会角色有所不同一样，家庭中男女老幼在饮食养生上也需要区别对待。男女的身体构造不同，无论是身体所需的营养，还是保健调理，都应根据性别差异来区别对待。传统中医学认为，男性的精、气、神均来源于肝、肾，其中肾的功能尤为重要，因此日常养生侧重于养精蓄锐、保肝益肾。女性因特殊的生理特点容易出现气血亏虚，需要调养脾胃来生化气血，以应对每月来潮以及胎孕，因此养生应侧重脾胃功能的提升。老年人由于身体各器官机能逐渐衰退，养生保健应注重阴阳调和、温补进食。儿童各项生理机能处于上升期，保健重点则在于补充身体必需的各类营养物质。

　　同时中医学还强调，养生与四时节气、五脏六腑都有着一一对应的关系。摄取营养应顺应春生、夏长、秋收、冬藏的规律：春季应选择有扶助正气、补益元气功效的食材；夏季应以清补健脾、祛暑化湿为养生原则；秋季应以养阴润燥、滋阴润肺为保健重点；冬季应以温补肾阳为主。春养于肝，夏养于心，秋养于肺，冬养于肾，四季养生与五脏养生结合起来，保健效果更佳。

　　本书根据上述养生原则与要点，为男人、女人、老人、孩子量身定制了功效不同的健康汤品，并结合四季养生、五脏保健，有针对性地选择营养汤品，图文并茂地进行讲解，让您和您的家人轻松养生，健康常伴。

目 录

男人保健壮阳汤

女人调理养颜汤

老人延年益寿汤

1 基础知识

有关汤品的基本知识浓缩在短短的几页之中，使您快速掌握想要学习的内容。

小节标题

提示本小节所要阐述的主要内容。

精彩图文

简练、优美的语言文字配以精美的彩色图片，您不仅学到了知识，还有视觉的享受。

煲汤"七要"

热气腾腾、香气四溢的汤总是能使人食欲大增。然而，要使喝汤真正起到强身健体、防病治病的作用，在汤的制作和饮用中一定要注重方法，做到"七要"。

1. 选料要得当

选料得当是制好汤品的关键。用于制汤的原料一般为鸡、鸭、鱼类、猪瘦肉、猪肘子、猪骨、火腿等动物性食材，必须鲜味足、异味小、血污少。这类食材含有丰富的蛋白质、氨基酸、核苷酸等。尤其家禽的肉中还能溶解于水的含氮浸出物，包括肌凝蛋白质、肌酸、肌酐、尿素和氨基酸等非蛋白质含氮物质，这

些都是汤中鲜味的主要来源。

2. 食材要新鲜

现代人所讲求的"鲜"并不是古人所说的"肉吃鲜，杀鱼吃跳"，而是指鱼、畜禽在被杀死后的3~5小时之间，因为此时鱼或禽肉的各种酶会将蛋白质、脂肪等分解为氨基酸、脂肪酸等人体易于吸收的物质，不但营养最丰富，味道也是最好的。

3. 炊具要选对

说到煲汤的工具，还是以陈年瓦罐为最佳。瓦罐是由不易传热的石英、长石、黏土等原料配合成的陶土，经过高温烧制而成的。它的通气性和吸附性均好，还具有传热均匀、散热缓慢等特点。制作汤品时，瓦罐能均衡而持久地把外界热能传导给罐内食材，这样相对平衡的环境温度，有利于水分子与食材的相互渗透，而相互渗透的时间维持得越长，鲜香成分溢出得就越多，熬制出的汤滋味就越鲜醇，食材的口感就越软烂。

4. 火候要适当

煲汤的要诀是"旺火烧沸，小火慢煨"。只有这样，才能使食材内的蛋白质浸出物等鲜香物质尽可能地溶解出来，达到鲜醇美的水平。小火能使浸出物溶解得更多，煲出来的汤既清澈，又浓醇。

5. 配水要合理

水既是鲜香食物的溶剂，又是传热的介质。水温的变化、用量的多少，对汤的味道有着直接的影响。一般来讲，用水量须是汤品主要食材重量的3倍，同时，应使食材与冷水共同受热，既不能直接用沸水煨汤，也不要中途

13

2 经典汤品展示

图文结合的方式，向您展示符合本章主题的对症汤品。

薄荷水鸭汤

原料

水鸭·······························400 克
薄荷·······························100 克
姜、盐、味精、鸡精、胡椒粉各适量

做法

① 将水鸭洗净，切成小块；薄荷洗净，摘取嫩叶；姜洗净切片。
② 锅中加水烧沸，下鸭块焯去血水，捞出。
③ 净锅加油（原料外）烧热，放入姜片、鸭块炒干水分，加入适量清水，倒入煲中煲30分钟，再放入薄荷叶及其他原料调匀即可。

汤品解说

鸭肉具有大补虚劳、利水消肿、养胃滋阴、清肺解热的功效。本品可疏散风热、补虚清肺，适合外感风热、头痛目赤、咽喉肿痛、肾炎水肿、小便不利者食用。

经典展示

汤品介绍中不仅包括原料、做法，还有专家阐述的汤品解说，言简意赅，简略但不简单。

冬瓜薏米煲老鸭

原料

红枣、薏米·····················各10 克
冬瓜·······························200 克
鸭·································1 只
姜、盐、鸡精、胡椒粉、香油各适量

做法

① 冬瓜洗净，切块；鸭洗净，斩件；姜洗净，去皮，切片；红枣、薏米均洗净。
② 锅上火，油烧热（原料外），爆香姜片，加入清水烧沸，下鸭肉余烫后捞起。
③ 将鸭肉转入砂锅内，加入红枣、薏米烧沸后，放入冬瓜块煲至熟，加盐、鸡精、胡椒粉调味，淋上香油即可。

汤品解说

本品能清热祛湿、利水消肿，适合心烦气躁、口干烦渴、小便不利者食用。

56

黑豆牛肉汤

原料

黑豆·······························200 克
牛肉·······························500 克
姜、盐各适量

做法

① 黑豆淘净，沥干；姜洗净，切片。
② 牛肉洗净，切成方块，放入开水中余烫，捞起冲净。
③ 将黑豆、牛肉、姜片盛入汤锅，加适量水，以大火煮沸后，转小火慢炖50分钟，加盐调味即可。

桂圆干老鸭汤

原料

老鸭·······························500 克
桂圆干·····························20 克
姜、盐、鸡精各适量

做法

① 老鸭去毛和内脏，洗净斩件，入开水锅余烫；桂圆干去壳；姜洗净切片。
② 将老鸭肉、桂圆干、姜片放入锅中，加入适量清水，以小火慢炖。
③ 待桂圆干变得圆润后，加盐、鸡精调味即可。

节瓜山药煲老鸭

简易展示

仅介绍本汤品的原料和做法，对于相似的功效不再做重复性说明。

原料

老鸭·······························400 克
节瓜·······························150 克
山药、莲子、盐、鸡精各适量

做法

① 将老鸭处理干净，斩件余水；山药洗净，去皮切块；节瓜洗净，去皮切片；莲子用水去心。
② 汤锅中放入老鸭、山药、节瓜、莲子，加入适量清水。
③ 以大火烧沸后转小火慢炖2.5小时，调入盐和鸡精即可。

59

11

源远流长一碗汤

汤的历史

俗话说"民以食为先，食以汤为先"。汤不仅味道鲜美可口，而且营养成分多已溶于水中，极易吸收。

汤的历史悠久。很早以前，人们就知道喝汤了。据考古学家的研究表明，在7000~8000年前，近东地区的人们就已学会了煮汤。古希腊是世界上最先懂得喝汤的国家。在奥林匹克运动会上，每个参赛者都会带着一头山羊或小牛，先到宙斯神庙中去祭祀一番，然后按传统的仪式宰杀，再放在一口大锅中煮。煮熟的肉与观众一起分吃，但汤却留下来给运动员独享，以增强体力。这表明在那个时候，人们就已懂得在煮熟的食物中，汤的营养最为丰富的道理。

我国拥有5000年的文明史，其中汤的历史可达3000年之久。据考证，目前已知的世界上最古老的食谱就诞生于2700年前的中国。这本食谱上记载有十几道汤品，其中有一道直到今天还在被人食用，那就是鸽蛋汤。这足以证明汤文化在中国的源远流长。

汤的功效

汤里蕴含着丰富的营养物质，各种食材的营养成分都会在烹制过程中充分地渗出，致使汤里含有钙、磷、铁、蛋白质、维生素、氨基酸等人体必需的营养成分。例如，同样是料理猪肉，炒食与熬汤的功效就有很大不同。

在我国民间流传着很多关于汤的养生功效，如红糖生姜汤驱寒发表，银耳汤补阴，鲫鱼汤通奶水，墨鱼汤补血，鸽肉汤有利于伤口的愈合，等等。总之，汤虽然是一种普通的食物，但它所包含的烹饪技艺和食疗作用，却远非其他食物能及。几千年来，汤文化一直无声无息地存在于大众的生活中。

煲汤"七要"

热气腾腾、香气四溢的汤总是能使人食欲大增。然而，要使喝汤真正起到强身健体、防病治病的作用，在汤的制作和饮用中一定要注重方法，做到"七要"。

1. 选料要得当

选料得当是制好汤品的关键。用于制汤的原料一般为鸡、鸭、鱼类、猪瘦肉、猪肘子、猪骨、火腿等动物性食材，必须鲜味足、异味小、血污少。这类食材含有丰富的蛋白质、氨基酸、核苷酸等。尤其家禽的肉中还有能溶解于水的含氮浸出物，包括肌凝蛋白质、肌酸、肌酐、尿素和氨基酸等非蛋白质含氮物质，这

些都是汤中鲜味的主要来源。

2. 食材要新鲜

现代人所讲求的"鲜"并不是古人所说的"肉吃鲜，杀鱼吃跳"，而是指鱼、畜禽在被杀死后的3~5小时之间，因为此时鱼或禽肉的各种酶会将蛋白质、脂肪等分解为氨基酸、脂肪酸等人体易于吸收的物质，不但营养最丰富，味道也是最好的。

3. 炊具要选对

说到煲汤的工具，还是以陈年瓦罐为最佳。瓦罐是由不易传热的石英、长石、黏土等原料配合成的陶土，经过高温烧制而成的。它的通气性和吸附性均好，还具有传热均匀、散热缓慢等特点。制作汤品时，瓦罐能均衡而持久地把外界热能传导给罐内食材，这样相对平衡的环境温度，有利于水分子与食材的相互渗透，而相互渗透的时间维持得越长，鲜香成分溢出得就越多，熬制出的汤滋味就越鲜醇，食材的口感就越软烂。

4. 火候要适当

煲汤的要诀是"旺火烧沸，小火慢煨"。只有这样，才能使食材内的蛋白质浸出物等鲜香物质尽可能地溶解出来，达到鲜醇味美的水平。小火能使浸出物溶解得更多，煲出来的汤既清澈，又浓醇。

5. 配水要合理

水既是鲜香食物的溶剂，又是传热的介质。水温的变化、用量的多少，对汤的味道有着直接的影响。一般来讲，用水量须是汤品主要食材重量的3倍，同时，应使食材与冷水共同受热，既不能直接用沸水煨汤，也不要中途

再加冷水，这样才能使食材中的营养物质缓慢地溢出，最终达到汤色清澈的效果。

6. 搭配要适宜

许多食材之间已有固定的搭配模式，当起到营养互补的作用时，即餐桌上的"黄金搭配"。例如，海带炖肉汤，酸性食品肉与碱性食品海带可以发生"组合效应"，在日本被誉为"长寿食品"。需要注意的是，为了使汤的口味比较醇正，一般不用将多种动物性食材一起煲汤。

7. 操作要精细

注意调味料的投放顺序。尤其要注意煲汤时不要先放盐，因为盐具有渗透作用，会使食材中的水分排出、蛋白质凝固，导致鲜味不足。一般来说，60～80℃的温度易导致部分维生素被破坏，而煲汤时食物温度长时间维持在85～100℃。因此，若在汤中加蔬菜应随放随吃，以减少维生素的破坏。在汤中适量放入味精、香油、胡椒、姜、葱、蒜等调味品，可使其别具特色，但注意用量不宜太多，以免影响汤的原味。

要讲究喝汤的时间

常言道"饭前喝汤，苗条健康""饭后喝汤，越喝越胖"，这有一定的科学道理。吃饭前先喝汤，等于给上消化道加点"润滑剂"，使食物顺利下咽；吃饭中途不时喝点汤水有助食物的稀释和搅拌，益于胃肠道对食物的吸收和消化。同时，吃饭前先喝汤，会使胃部充盈，可减少主食的摄入，从而避免热量摄入过多；而饭后喝汤，容易使营养过剩，故而造成肥胖。值得注意的是，不要片面地认为熬成的"精汤"最营养。实验证明，无论你熬得多久，仍有营养成分留在"肉渣"中。所以，只喝汤不吃"肉渣"是不科学的。

男人保健壮阳汤

　　经常饮用保健汤品，是男性强身健体、防病治病的最安全、最有效、最便捷的途径。本章就分别从男性亚健康状态、男性常见疾病等角度出发，一一讲解各种保健汤品，供广大男性朋友选择。希望您能从中受益，做好日常保健养生，远离疾病的困扰。

黄芪山药鱼汤

原料

黄芪·······················15 克
山药······················· 20 克
鲫鱼·························1 条
姜、葱、盐各适量

做法

1. 将鲫鱼去鳞、内脏，洗净，在鱼两侧各划一刀备用；姜洗净切丝；葱洗净切花。
2. 将黄芪、山药放入锅中，加适量水煮沸，然后转小火熬煮15分钟后再转中火，放入鲫鱼煮10分钟。
3. 鱼熟后放入姜丝、葱花、盐调味即可。

汤品解说

　　鲫鱼益气健脾，黄芪益气补虚，山药补养肺气，三者搭配同食，可提高人体免疫力，对体虚反复感冒者有一定的食疗效果。

杏仁萝卜炖猪肺

原料

猪肺······················ 250 克
南杏仁、花菇···············各40 克
萝卜······················ 200 克
高汤······················ 1000 毫升
姜、盐、味精各适量

做法

1. 猪肺洗净，切块；南杏仁、花菇浸透洗净；萝卜洗净，带皮切块；姜洗净切片。
2. 将以上用料连同高汤一起放入炖盅，盖上盅盖隔水炖，先用大火炖30分钟，再用中火炖50分钟，后用小火炖1小时，炖好后加盐、味精调味即可。

汤品解说

　　猪肺补肺止血，南杏仁祛痰止咳，萝卜能化积滞，三者合用能敛肺定喘、止咳化痰、增强体质，适合体虚导致的反复感冒者食用。

参芪炖牛肉

原料

党参、黄芪·····················各20 克
牛肉·····························250 克
葱、料酒、盐、香油、味精各适量

做法

① 牛肉洗净，切块；党参、黄芪分别洗净，党参切段；葱洗净切段。

② 将党参、黄芪与牛肉同放于砂锅中，注入清水1000毫升，以大火烧沸后，加入葱段和料酒，转小火慢炖至牛肉酥烂，加盐、味精调味，最后淋上香油即可。

汤品解说

党参、黄芪均有补气固表、益脾健胃的功效；牛肉可强健体魄、增强抵抗力。三者合用，对体质虚弱易感冒者有一定的补益效果。

双仁菠菜猪肝汤

原料

猪肝·····························200 克
菠菜······························· 2 棵
酸枣仁、柏子仁·················各10 克
盐适量

做法

① 将酸枣仁、柏子仁装在棉布袋里，扎紧袋口。

② 猪肝洗净切片；菠菜去头，洗净切段；将布袋入锅加4碗水熬药汤，熬至约剩3碗水。

③ 猪肝汆烫后捞起，和菠菜一起放入药汤中，待药汤沸腾即熄火，加盐调味即可。

汤品解说

菠菜和猪肝含铁丰富，是补血滋阴的佳品；酸枣仁、柏子仁有养心安神的功效。四者搭配，适合因心血亏虚引起的失眠多梦者食用。

灵芝红枣瘦肉汤

原料

猪瘦肉·· 300 克
灵芝·· 6 克
红枣、盐各适量

做法

❶ 将猪瘦肉洗净、切片；灵芝、红枣均洗净，备用。

❷ 净锅上火倒入适量水，下猪瘦肉烧沸，捞去浮沫。

❸ 下灵芝、红枣，转小火煲煮2小时，加盐调味即可。

汤品解说

灵芝可益气补心、补肺止咳；红枣可补气养血；猪肉可健脾补虚。三者同用，可调理心脾功能，改善贫血症状。

远志菖蒲鸡心汤

原料

鸡心·· 300 克
胡萝卜··· 1 根
远志、菖蒲·································· 各15 克
葱、盐各适量

做法

❶ 将远志、菖蒲装在棉布袋内，扎紧袋口。

❷ 将鸡心汆烫，捞起备用；葱洗净，切成段。

❸ 将胡萝卜削皮，洗净切片，与棉布袋一起放入锅中，加4碗水煮汤，以中火滚沸至剩3碗水，再加入鸡心煮沸，下葱段、盐调味即可。

汤品解说

远志能安神益智、祛痰消肿；菖蒲能开窍醒神、化湿和胃。本品能滋补心脏，可有效改善失眠多梦、健忘惊悸、神志恍惚等症状。

黑豆牛肉汤

原料

黑豆·····················200 克
牛肉·····················500 克
姜、盐各适量

做法

① 黑豆淘净，沥干；姜洗净，切片。
② 牛肉洗净，切成方块，放入开水中汆烫，捞起冲净。
③ 将黑豆、牛肉、姜片盛入汤锅，加适量水，以大火煮沸后，转小火慢炖50分钟，加盐调味即可。

桂圆干老鸭汤

原料

老鸭·····················500 克
桂圆干····················20 克
姜、盐、鸡精各适量

做法

① 老鸭去毛和内脏，洗净斩件，入开水锅汆烫；桂圆干去壳；姜洗净切片。
② 将老鸭肉、桂圆干、姜片放入锅中，加入适量清水，以小火慢炖。
③ 待桂圆干变得圆润后，加盐、鸡精调味即可。

节瓜山药煲老鸭

原料

老鸭·····················400 克
节瓜·····················150 克
山药······················80 克
莲子······················20 克
盐、鸡精各适量

做法

① 将老鸭处理干净，斩件汆水；山药洗净，去皮切块；节瓜洗净，去皮切片；莲子洗净去心。
② 汤锅中放入老鸭、山药、节瓜、莲子，加入适量清水。
③ 以大火烧沸后转小火慢炖2.5小时，调入盐和鸡精即可。

萝卜煲羊肉

原料

羊肉………………………………… 350 克
萝卜……………………………………100 克
枸杞……………………………………10 克
姜、盐、鸡精各适量

做法

❶ 羊肉洗净，切块，汆水；萝卜洗净，去皮，切块；姜洗净，切片；枸杞洗净，浸泡。

❷ 炖锅中注水，烧沸后放入羊肉、萝卜、姜片、枸杞，用小火炖。

❸ 炖2小时后，转大火，调入盐、鸡精，稍炖出锅即可。

汤品解说

　　羊肉可益气补虚、促进血液循环，能使皮肤红润，增强御寒能力；萝卜能帮助消化。二者合用，对畏寒肢冷有一定食疗作用。

杜仲板栗乳鸽汤

原料

乳鸽…………………………………… 400 克
板栗……………………………………150 克
杜仲…………………………………… 50 克
盐适量

做法

❶ 将乳鸽斩件；板栗入开水中煮5分钟，捞起后剥去壳。

❷ 将乳鸽块放入开水中汆烫，捞起冲净后沥干水分。

❸ 将乳鸽块、板栗和杜仲放入锅中，加适量的水用大火煮沸，再转小火慢煮30分钟，加盐调味即可。

汤品解说

　　本品对肝肾亏虚引起的腰酸腰痛有很好的疗效，尤其适合男性食用。

五子下水汤

原料

鸡内脏（鸡心、鸡肝、鸡胗）……………1 份

菟蔚子、蒺藜子、覆盆子、车前子、菟丝子……………………………………各10 克

姜、葱、盐各适量

做法

① 将鸡内脏洗净，切片；姜洗净，切丝；葱洗净，切丝；5种药材均洗净。

② 将5种药材放入棉布袋内，放入锅中，加水煎汁。

③ 捞起棉布袋丢弃，转中火，放入鸡内脏、姜丝、葱丝煮至熟，最后加盐调味即可。

汤品解说

覆盆子补肝益肾、固精缩尿；菟丝子补肾益精、养肝明目。五子与鸡胗搭配，具有益肾固精的功效，适合由肾虚导致的阳痿患者食用。

三味鸡蛋汤

原料

鸡蛋 ……………………………………… 1 个

去心莲子、芡实、山药 …………………各 9 克

冰糖适量

做法

① 芡实、山药、莲子均用水洗净，备用。

② 将莲子、芡实、山药放入锅中，加入适量清水熬成药汤。

③ 加入鸡蛋煮熟后，再加入冰糖即可。

汤品解说

莲子止泻固精、益肾健脾；芡实收敛固精、补肾助阳；山药补脾养胃、生津益肺。此汤有补脾益肾、固精安神的功效，可治疗遗精、早泄等症。

猪蹄炖牛膝

原料

猪蹄···1 只
牛膝··15 克
西红柿···1 个
盐适量

做法

① 将猪蹄剁成块，放入开水中汆烫后，捞起冲洗干净。

② 将西红柿洗净，在表皮轻划数刀，放入开水中烫至皮翻开，捞起去皮切块。

③ 将猪蹄、西红柿和牛膝一起盛入锅中，加适量水以大火煮沸后，转小火继续煮30分钟，加盐调味即可。

汤品解说

　　猪蹄可调补气血；牛膝可行气活血、补肾强腰。本品具有祛淤疗伤的功效，能改善腰部扭伤、肌肉拉伤症状。

鹿茸熟地瘦肉汤

原料

山药·······································30 克
鹿茸、熟地·····························各10 克
猪瘦肉····································200 克
盐、味精各适量

做法

① 山药去皮洗净，切块；鹿茸、熟地均洗净备用；猪瘦肉洗净切块。

② 锅中注水烧沸，放入猪瘦肉、山药、鹿茸、熟地，以大火烧沸后，转小火慢炖2小时，放入盐、味精调味即可。

汤品解说

　　鹿茸补肾壮阳、益精生血；山药补脾养胃、补肾涩精；熟地滋阴补肾。故本品能补精髓、助肾阳、强筋健骨，可治疗男性性欲减退。

枸杞牛蛙汤

原料

牛蛙··2只
枸杞··10克
姜、盐各适量

做法

❶ 将牛蛙洗净剁块，氽烫后捞出备用。

❷ 将姜洗净，切丝；枸杞以清水泡软。

❸ 锅中加水1500毫升煮沸，放入牛蛙、枸杞、姜丝，煮沸后转中火继续煮2~3分钟，待牛蛙肉熟嫩，加盐调味即可。

汤品解说

　　牛蛙肉有清热解毒、消肿止痛、补肾益精、养肺滋肾的功效；枸杞可清肝明目。此汤具有滋阴补虚、健脾益血、清肝明目的功效。

陈皮猪肝汤

原料

猪肝··80克
佛手、山楂、陈皮····················各10克
丝瓜··30克
枸杞···5克
盐、香油、料酒各适量

做法

❶ 将猪肝洗净切片；丝瓜洗净切片；将佛手、山楂、陈皮均洗净，加开水浸泡1小时后去渣取汁。

❷ 碗中放入猪肝片，加药汁、盐、料酒、丝瓜片、枸杞，隔水蒸熟。

❸ 最后向碗中淋上少许香油调味即可。

汤品解说

　　猪肝可调节和改善贫血患者造血系统的生理功能，与佛手、山楂、陈皮配伍，可清肝解郁、通经散淤、解毒消肿，适宜视力减退者食用。

家常牛肉煲

原料

酱牛肉	200 克
西红柿	150 克
土豆	100 克
高汤	1000 毫升

葱、盐各适量

做法

① 将酱牛肉、西红柿、土豆均洗净，切块，备用；葱洗净切花。

② 净锅上火倒入高汤，放入酱牛肉、西红柿、土豆，调入盐煲至熟，撒上葱花即可食用。

汤品解说

　　牛肉可补脾胃、益气血、强筋骨；西红柿可消除疲劳、增进食欲；土豆可和胃健中。故本品适宜身体虚弱、食欲不振者食用。

胡椒猪肚汤

原料

猪肚	1 个
蜜枣	5 颗
胡椒	15 克

盐、生粉各适量

做法

① 将猪肚用盐、生粉搓洗，再用清水洗净。

② 将洗净的猪肚入开水中氽烫，刮去白膜后捞出，再将胡椒放入猪肚中，以线缝合。

③ 将猪肚放入砂煲中，加入蜜枣，再加入适量清水，以大火煮沸后转小火煲2小时，猪肚拆去线后，加盐调味即可。

汤品解说

　　胡椒可暖胃健脾；猪肚有健脾益气、开胃消食的功效。二者合用可增强食欲，故本品可改善食欲不振者的厌食症状。

薏米板栗瘦肉汤

原料

猪瘦肉······································200 克
板栗·······································100 克
薏米··60 克
枸杞···5 克
高汤·····································800 毫升
葱花、盐、味精各适量

做法

❶ 将猪瘦肉洗净切丁、汆水；将板栗剥壳；薏米洗净。

❷ 净锅上火倒入高汤，加入猪瘦肉、板栗、薏米、枸杞和葱花，再调入盐、味精煲熟，即可食用。

汤品解说

　　本品可补肝护肾、利水消肿，适合肾虚的男性患者食用。

薏米鸡块汤

原料

鸡肉······································200 克
山药·······································50 克
薏米·······································20 克
盐适量

做法

❶ 将鸡肉洗净，切块汆水；山药去皮，洗净，切成块；薏米淘洗净，泡软备用。

❷ 汤锅上火倒入水，放入鸡块、山药、薏米，调入盐煲至熟，即可食用。

汤品解说

　　本品可利水渗湿、健脾益胃，适合患有风湿性关节炎、水肿、泄泻等症的男性食用。

黑芝麻乌鸡红枣汤

原料

乌鸡·······························300 克
红枣·······························10 颗
黑芝麻······························50 克
盐适量

做法

❶ 将乌鸡洗净切块，汆烫后捞起备用；将红枣洗净。

❷ 将乌鸡、红枣、黑芝麻和水一同放入锅内，用小火煲约2小时，再加盐调味即可。

银杏莲子乌鸡汤

原料

银杏·······························30 克
莲子·······························50 克
乌鸡腿······························1 个
盐适量

做法

❶ 将乌鸡腿洗净剁块，汆水；莲子洗净。

❷ 将乌鸡腿块放入锅中，加水至没过材料，以大火煮沸，转小火煮20分钟。

❸ 加入莲子，继续煮15分钟，再加入银杏煮沸，最后加盐调味，即可食用。

莲子芡实猪尾汤

原料

猪尾·······························100 克
芡实、莲子、盐各适量

做法

❶ 猪尾洗净，剁成段，汆水备用；芡实洗净；莲子去皮、去心，洗净。

❷ 把猪尾段、芡实、莲子放入炖盅，注入清水，以大火烧沸，转小火煲煮2小时，加盐调味即可食用。

山药枸杞牛肉汤

原料

山药·····································600 克

枸杞·······································10 克

牛肉·····································500 克

盐适量

做法

① 将牛肉切块、洗净，氽烫后捞起，再用水冲洗干净。

② 将山药削皮，洗净切块；枸杞洗净。

③ 将牛肉盛入煮锅，加入7碗水，以大火煮沸，转小火慢炖1小时；加入山药、枸杞继续煮10分钟，加盐调味即可。

汤品解说

　　牛肉能提供优质蛋白，可防止贫血，增强体力，调整人体机能；山药药食两用。二者搭配，有补脾养胃、生津益肺、补肾涩精的功效，适合男性体质虚弱者食用。

木耳红枣汤

原料

黑木耳·····································30 克

红枣·······································10 颗

红糖·······································20 克

做法

① 将黑木耳用温水泡发，择洗干净，撕成小片备用。

② 将红枣洗净，去核备用。

③ 锅内加水适量，放入黑木耳、红枣，以小火煎沸10~15分钟，调入红糖即可。

汤品解说

　　红糖可补中舒肝、健脾暖胃；红枣能补脾和胃、益气生津。本品有和血养容、滋补强身的功效，适于贫血、消瘦者食用。

带鱼黄芪汤

原料

带鱼 ·· 500 克
黄芪 ·· 30 克
炒枳壳 ·· 10 克
油、葱、姜、料酒、盐各适量

做法

1 将黄芪、炒枳壳洗净，装入纱布袋中，扎紧袋口，制成药包。
2 将带鱼去头，斩成段，洗净；葱洗净，切段；姜洗净切片。
3 净锅上火，倒入油后，将带鱼段下锅稍煎，然后放入适量清水，放入药包、料酒、盐、葱段、姜片，煮至鱼肉熟，拣去药包即可。

汤品解说

　　黄芪可益气补虚，炒枳壳能行气散结，带鱼有强心补肾、舒筋活血的功效。三者搭配，营养丰富，并且能够行气散结、益气补虚。

补骨脂虫草羊肉汤

原料

补骨脂、冬虫夏草 ······················ 各2 克
熟地、枸杞 ··································· 各10 克
山药 ·· 30 克
羊肉 ·· 750 克
姜片、蜜枣、盐各适量

做法

1 将羊肉洗净，切块，用开水汆烫，去除膻味，备用。
2 将补骨脂、冬虫夏草、山药、熟地、枸杞均洗净。
3 把所有材料放入锅内，加适量清水，以大火煮沸后，转小火煲3小时，加盐调味即可。

汤品解说

　　本品可温补肝肾、益精填髓、养血滋阴，对肝肾虚弱、腰膝酸软、阳痿、早泄、身体倦怠等症有食疗作用。

黑木耳猪尾汤

原料
猪尾 ··100 克
黑木耳 ··· 20 克
生地 ···15 克
盐适量

做法
① 将猪尾洗净，切成段；生地洗净，切成段；黑木耳泡发，洗净，撕成片。
② 锅中注入适量水烧沸，放入猪尾段汆透，捞起冲洗干净。
③ 将猪尾段、黑木耳、生地放入炖盅，加入适量水，以大火烧沸后转小火煲2小时，加盐调味即可。

汤品解说
　　猪尾具有补阴益髓的功效，能预防骨质疏松；黑木耳有益气充饥、轻身强智、止血止痛的功效。此汤对男性耳鸣患者有很好的食疗作用。

石韦蒸鸭

原料
石韦 ···10 克
鸭肉 ··· 300 克
盐、清汤各适量

做法
① 将石韦用清水冲洗干净，用布袋包好。
② 将鸭肉去骨、洗净，将包好的石韦和鸭肉放入容器中，加清汤，上笼蒸至鸭肉熟烂，捞起布袋丢弃，加盐调味即可。

汤品解说
　　石韦利水通淋、清肺泄热；鸭肉养胃生津、清热健脾。本品可清热生津，适合肾结石、尿路感染、急性肾炎等男性患者食用。

三参炖三鞭

原料

牛鞭、鹿鞭、羊鞭……………………各200克
西洋参、人参、沙参……………………各5克
老母鸡……………………………………1只
盐、味精各适量

做法

1 将三鞭削去尿管，洗净切成片。
2 将三参洗干净；老母鸡处理好并洗净。
3 锅中加入适量水，用小火将老母鸡、三参、
　三鞭一起煲3小时，加盐和味精调味即可。

汤品解说

　　牛鞭、鹿鞭、羊鞭均是补肾壮阳的良药；
人参、西洋参、沙参有益气补虚、滋阴润燥的
功效。此汤可有效改善阳痿症状。

牛鞭汤

原料

牛鞭…………………………………………1根
姜、盐各适量

做法

1 将牛鞭切段，放入开水中汆烫，捞出洗净备
　用；姜洗净，切片。
2 锅洗净，置于火上，将牛鞭、姜片一起放入
　锅中，加水至没过所有材料，以大火煮沸后
　转小火慢炖30分钟，起锅前加盐调味即可。

汤品解说

　　牛鞭含有雄激素，是补肾壮阳的佳品，对
心理性性功能障碍有较好的改善作用。此汤适
合由心理紧张引起的阳痿、早泄患者食用，但
不宜多食。

鹿茸黄芪煲鸡汤

原料

鸡 ·· 500 克
瘦肉 ·· 300 克
鹿茸、黄芪 ···································· 各20 克
姜、盐、味精各适量

做法

1. 将鹿茸切片，放置于清水中洗净；黄芪洗净；姜去皮，切片；瘦肉洗净切成厚块。
2. 将鸡洗净，斩成块，放入开水中焯去血水后，捞出备用。
3. 锅内注入适量水，放入做法1、2中的原料，以大火煲沸后，再转小火煲3小时，加盐和味精调味即可。

汤品解说

　　鹿茸可补肾壮阳；黄芪可健脾益气。二者合用，对由肾阳不足、脾胃虚弱、精血亏虚所引起的阳痿早泄、尿频遗尿、腰膝酸软、筋骨无力等症状均有较好的食疗效果。

板栗猪腰汤

原料

板栗 ·· 50 克
猪腰 ··· 100 克
红枣、姜、盐、鸡精各适量

做法

1. 将猪腰洗净，切开，除去白色筋膜，入开水余去表面血水，捞出洗净。
2. 将板栗剥壳；红枣洗净；姜洗净切片。
3. 用瓦煲装水，在大火上滚开后放入猪腰、板栗、姜片、红枣，以小火煲2小时，加盐、鸡精调味即可。

汤品解说

　　板栗有补肾强骨、健脾养胃、活血止血的功效；猪腰有理肾气、通膀胱、消积滞、止消渴的作用；红枣益气养血。三者配伍，能有效改善因肾虚导致的腰酸痛、遗精、耳聋、水肿、小便不利等症。

板栗排骨汤

原料

鲜板栗⋯⋯⋯⋯⋯⋯⋯⋯⋯⋯⋯⋯ 250 克
排骨⋯⋯⋯⋯⋯⋯⋯⋯⋯⋯⋯⋯⋯⋯ 500 克
胡萝卜⋯⋯⋯⋯⋯⋯⋯⋯⋯⋯⋯⋯⋯ 100 克
盐适量

做法

1. 将板栗用小火煮约5分钟，捞起剥壳。
2. 将排骨放入开水中汆烫，捞起洗净；胡萝卜削皮，洗净切块。
3. 将以上材料放入锅中，加水没过材料，以大火煮沸，转小火续煮30分钟，加盐调味即可。

板栗冬菇老鸡汤

原料

老鸡⋯⋯⋯⋯⋯⋯⋯⋯⋯⋯⋯ 200 克
板栗肉⋯⋯⋯⋯⋯⋯⋯⋯⋯⋯⋯ 30 克
冬菇⋯⋯⋯⋯⋯⋯⋯⋯⋯⋯⋯⋯ 20 克
枸杞、葱花、盐各适量

做法

1. 将老鸡洗净，切块，汆水；板栗肉洗净；冬菇浸泡洗净，切片备用。
2. 净锅上火倒入水，调入盐，放入鸡肉块、板栗肉、冬菇片、枸杞煲至熟，撒上葱花即可。

核桃牛肉汤

原料

核桃、腰果⋯⋯⋯⋯⋯⋯⋯⋯⋯ 各50 克
牛肉⋯⋯⋯⋯⋯⋯⋯⋯⋯⋯⋯⋯ 200 克
枸杞、葱花、盐、鸡精各适量

做法

1. 将牛肉洗净，切块，汆水。
2. 将核桃、腰果均洗净备用。
3. 汤锅上火倒入水，放入做法①、②的材料，调入盐、鸡精煲至熟，撒入葱花，即可食用。

花生香菇鸡爪汤

原料

鸡爪·······························250 克
花生米·····························45 克
香菇·································4 朵
高汤·····························800 毫升
盐适量

做法

① 将鸡爪洗净；花生米洗净浸泡；香菇洗净，切片备用。

② 净锅上火倒入高汤，放入鸡爪、花生米、香菇煲至熟，调入盐即可。

银杏小排汤

原料

小排骨·····························500 克
银杏·······························30 克
料酒、盐、味精各适量

做法

① 将小排骨洗净，斩段。

② 银杏洗净后加水煮15分钟。

③ 将小排骨段、料酒和适量水一起入锅，用小火焖煮1小时后，再加入银杏煮熟，调入盐、味精即可。

银杏玉竹猪肝汤

原料

银杏·······························100 克
玉竹·································10 克
猪肝·································200 克
高汤·····························800 毫升
枸杞、葱花、盐、味精各适量

做法

① 将猪肝洗净切片；银杏、玉竹均洗净。

② 净锅上火倒入高汤，放入猪肝、银杏、玉竹、枸杞，调入盐、味精烧沸，撒上葱花即可。

猪骨黄豆丹参汤

原料

猪骨·····························400 克
黄豆·····························250 克
丹参······························20 克
肉桂······························10 克
料酒、盐、味精各适量

做法

❶ 将猪骨洗净，斩块；黄豆去杂，洗净；将丹参、肉桂用干净纱布包好，扎紧袋口。

❷ 砂锅注水，放入猪骨、黄豆、纱布袋，以大火烧沸，转小火炖煮约1小时，拣出布袋，加盐、味精、料酒调味即可。

汤品解说

　　丹参具有祛瘀止痛、凉血散结、除烦安神的功效，与肉桂、黄豆搭配，对由血热淤滞所引起的阴茎异常勃起有一定的改善作用。

莲子百合排骨汤

原料

排骨····························· 200 克
莲子、芡实、百合···················各20 克
盐适量

做法

❶ 将排骨洗净，切块，汆去血渍；莲子去皮、去心，洗净；芡实洗净；百合洗净泡发。

❷ 将排骨、莲子、芡实、百合放入砂煲，注入清水，以大火烧沸，转小火煲2小时，加盐调味即可。

汤品解说

　　莲子可止泻固精、益肾健脾；芡实具有收敛固精、补肾助阳的功效。此汤对由肾虚引起的早泄、阳痿等症有较好的食疗效果。

枸杞水蛇汤

原料

水蛇·······························250 克

枸杞·······························30 克

油菜·······························20 克

高汤·····························800 毫升

盐适量

做法

❶ 将水蛇洗净切片，氽水待用；枸杞洗净；油菜洗净。

❷ 净锅上火，倒入高汤，放入水蛇、枸杞，煲至熟时下油菜稍煮，最后加盐调味即可。

汤品解说

　　水蛇能除四肢烦热、口干心躁；枸杞能清肝明目、补肾助阳。二者搭配，对肝肾亏虚、腰膝酸软、阳痿、遗精等症均有较好的食疗作用。

海马猪骨肉汤

原料

猪骨肉·····························220 克

海马·······························2 只

胡萝卜·····························50 克

盐、味精、鸡精各适量

做法

❶ 将猪骨肉斩件，洗净氽水；胡萝卜洗净去皮，切块；海马洗净。

❷ 将猪骨肉、海马、胡萝卜块放入炖盅内，加适量清水炖2小时，最后放入味精、盐、鸡精调味即可。

汤品解说

　　海马具有强身健体、补肾壮阳、舒筋活络等功效；猪骨肉能敛汗固精、止血涩肠、生肌敛疮。此汤对早泄患者有很好的食疗功效。

芡实莲子煲鸭汤

原料

鸭肉……………………………………… 600 克
猪骨肉、牡蛎、蒺藜子……………… 各10 克
芡实……………………………………… 50 克
莲须、鲜莲子………………………… 各100 克
盐适量

做法

❶ 将鸭肉洗净，斩件，氽烫；将鲜莲子、芡实
　 冲净，沥干水分备用。

❷ 将猪骨肉、牡蛎、蒺藜子、莲须洗净，放入
　 纱布袋中，扎紧袋口。

❸ 将莲子、芡实、鸭肉及纱布袋放入煮锅中，
　 加水至没过原料，以大火煮沸，再转小火炖
　 40分钟左右，加盐调味即可。

汤品解说

　　猪骨肉能敛汗固精、止血涩肠；芡实收敛
固精、补肾助阳。本品适用于阳痿、早泄等
症。

淡菜枸杞煲乳鸽

原料

乳鸽………………………………………1 只
淡菜…………………………………… 50 克
枸杞、盐各适量

做法

❶ 将乳鸽宰杀，去毛及内脏，洗净；淡菜、枸
　 杞均洗净，泡发。

❷ 锅加水烧热，将乳鸽放入锅中稍滚5分钟，
　 捞起。

❸ 将乳鸽、枸杞放入瓦煲内，注入适量水，以
　 大火煲沸，放入淡菜，转小火煲2小时，最
　 后加盐调味即可。

汤品解说

　　淡菜具有补肝肾、益精血的功效；乳鸽能
补肝壮肾、益气补血、清热解毒、生津止渴。
本品对少精无精症患者有很好的食疗功效。

鳝鱼苦瓜枸杞汤

原料

鳝鱼·······························300 克
苦瓜·······························40 克
枸杞·······························10 克
高汤····························· 1000 毫升
盐适量

做法

❶ 将鳝鱼洗净切段，汆水；苦瓜洗净，去籽切片；枸杞洗净，备用。

❷ 净锅上火倒入高汤，下鳝段、苦瓜片、枸杞，待烧沸，调入盐煲至熟即可。

汤品解说

　　鳝鱼可补气养血、温阳健脾、滋补肝肾；枸杞能清肝明目、补肾助阳。本品对由气血亏虚所导致的少精无精症有一定的改善作用。

鹌鹑笋菇汤

原料

鹌鹑·······························1 只
冬笋······························· 20 克
水发香菇、金华火腿······················ 各10 克
葱、鲜汤、料酒、鸡精、胡椒粉、盐各适量

做法

❶ 将鹌鹑洗净，去内脏；冬笋、香菇洗净，切碎；火腿和葱均切末。

❷ 砂锅上火，下油（原料外）烧热，倒入鲜汤，放入做法❶中除火腿和葱末以外的其他原料，用大火煮沸。

❸ 然后转小火煮60分钟，加火腿末稍煮，加入料酒、盐、葱末、鸡精、胡椒粉即可。

汤品解说

　　鹌鹑具有补中益气、清利湿热的功效。本品适合因身体虚弱、肾精亏虚引起的少精无精症患者进补食疗。

灵芝鹌鹑汤

原料

鹌鹑⋯⋯⋯⋯⋯⋯⋯⋯⋯⋯⋯⋯1只
党参⋯⋯⋯⋯⋯⋯⋯⋯⋯⋯⋯20克
灵芝⋯⋯⋯⋯⋯⋯⋯⋯⋯⋯⋯ 8克
枸杞⋯⋯⋯⋯⋯⋯⋯⋯⋯⋯⋯10克
红枣⋯⋯⋯⋯⋯⋯⋯⋯⋯⋯⋯ 5颗
盐适量

做法

1 将灵芝洗净，泡发撕片；将党参洗净，切薄片；枸杞、红枣均洗净，泡发。
2 将鹌鹑宰杀，去毛、内脏，洗净后汆水。
3 炖盅注水，下灵芝片、党参片、枸杞、红枣，大火烧沸，放入鹌鹑转小火煲3小时，加盐调味即可。

汤品解说

　　党参补中益气、健脾益肺；灵芝宁心安神、补益五脏。本品对由身体虚弱、肾精亏虚引起的少精、无精、不射精者有较好的食疗效果。

玉米须鲫鱼汤

原料

鲫鱼⋯⋯⋯⋯⋯⋯⋯⋯⋯ 450克
玉米须⋯⋯⋯⋯⋯⋯⋯⋯⋯150克
莲子⋯⋯⋯⋯⋯⋯⋯⋯⋯⋯ 5克
枸杞、香菜段、葱、姜、盐、味精各适量

做法

1 将鲫鱼洗净，去鳞、内脏，在鱼身上划几刀。
2 将玉米须洗净；莲子洗净；葱洗净切段；姜洗净切片。
3 用油锅炝葱段、姜片，下鲫鱼略煎，加入适量水，加入玉米须、莲子、枸杞煲至熟，调入盐、味精，撒上香菜段即可。

汤品解说

　　玉米须具有清热利湿、利尿通淋的功效；鲫鱼可健脾开胃、利水除湿。本品能有效缓解因湿热下注引起的前列腺增生。

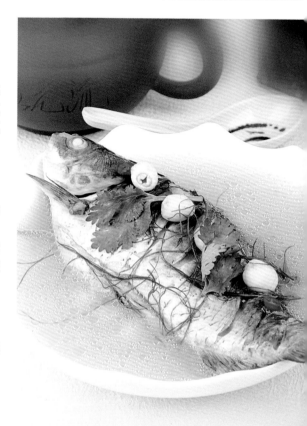

西红柿炖棒骨

原料

棒骨·····················300 克
西红柿·····················100 克
葱、盐、鸡精、白糖各适量

做法

① 将棒骨洗净，剁成块；西红柿洗净，切块；
   葱洗净，切末。
② 锅中倒少许油（原料外）烧热，下西红柿略
   加煸炒，注适量水加热，放棒骨煮至熟。
③ 加盐、鸡精和白糖调味，最后撒上葱末
   即可。

汤品解说

　　西红柿所含的番茄红素具有独特的抗氧化
功效，能清除自由基、保护细胞，有效预防前
列腺癌。本品适宜前列腺增生患者食用。

女贞子鸭汤

原料

鸭子·····················1 只
枸杞·····················15 克
熟地、山药·····················各20 克
女贞子·····················30 克
牡丹皮、泽泻·····················各10 克
盐适量

做法

① 将鸭子宰杀，去毛及内脏，洗净切块。
② 将枸杞、熟地、山药、女贞子、牡丹皮、泽
   泻均洗净，与鸭肉块同放入锅中，加适量清
   水，煎煮至鸭肉熟烂，加盐调味即可。

汤品解说

　　女贞子具有补益肝肾、清热明目的功效；
熟地可滋阴补血、益精填髓。本品对男性不育
症有很好的改善作用。

虫草海马四宝汤

原料

新鲜大鲍鱼 ··1只
海马 ·· 4 只
冬虫夏草 ·· 2 克
光鸡 ·· 500 克
猪瘦肉 ·· 200 克
金华火腿 ·· 30 克
盐、鸡精、浓缩鸡汁、味精各适量

做法

❶ 将鲍鱼去肠，洗净；海马用瓦煲煸好。

❷ 将光鸡斩件，猪瘦肉切大粒，金华火腿切小粒，将切好的材料汆水去杂质。

❸ 将做法❶、❷的原料装入炖盅炖4小时后，放入盐、鸡精、浓缩鸡汁、味精调味即可。

汤品解说

　　海马补肾壮阳；冬虫夏草补肾气；鲍鱼滋阴益气。本品对少精、精冷不育有很好的食疗效果。

板栗土鸡汤

原料

土鸡 ··1只
板栗 ·· 200 克
红枣 ···10 克
姜、盐、味精各适量

做法

❶ 将土鸡宰杀去毛和内脏，洗净，切块备用；板栗剥壳，去皮备用；姜洗净切片。

❷ 锅上火，加入适量清水，烧沸，放入鸡块、滤去血水，备用。

❸ 将鸡块、板栗转入炖盅里，再放入姜片、红枣，置小火上炖熟后，加盐、味精调味即可。

汤品解说

　　本品营养丰富，对更年期的男性有很好的保健补益作用。

蒜香绿豆牛蛙汤

原料

牛蛙·······················5 只
绿豆·······················40 克
蒜·························80 克
姜片、米酒、盐各适量

做法

❶ 牛蛙宰杀洗净，氽烫；绿豆洗净，泡水。

❷ 将蒜去皮，用刀背拍一下；锅上火，加油（原料外）烧热，再将蒜放入锅里炸至金黄色，待蒜味溢出盛起备用。

❸ 另取一锅，注入热水，放入绿豆、牛蛙、姜片、蒜、米酒，以中火炖2小时，起锅前加盐调味即可。

汤品解说

　　蒜能调节血压、血脂、血糖，可预防心脑血管疾病；牛蛙高蛋白、低脂肪。此汤非常适合高血压、高脂血症及肥胖症患者食用。

菊花枸杞绿豆汤

原料

干菊花······················6 克
枸杞·······················15 克
绿豆·······················30 克
蜂蜜适量

做法

❶ 将绿豆洗净，装入碗中，用温开水泡发。

❷ 将枸杞、干菊花用冷水洗净。

❸ 瓦煲内放入约1 500毫升水烧沸，加入绿豆，以大火煮沸后转中火煮约30分钟，在汤快煲好前放入菊花、枸杞后即可关火，蜂蜜在汤低于60℃时加入。

汤品解说

　　菊花有疏散风热、平肝明目、清热解毒的功效；枸杞和绿豆均可清肝泻火、降低血压。此汤适合患有高血压及动脉硬化的男性食用。

泽泻白术瘦肉汤

原料

猪瘦肉…………………………………… 60 克
泽泻、白术…………………………… 各15 克
薏米…………………………………… 50 克
盐、味精各适量

做法

1. 将猪瘦肉洗净，切块；泽泻、白术、薏米均洗净，薏米泡发。
2. 把猪瘦肉、泽泻、薏米、白术一起放入锅内，加适量清水，大火煮沸后转小火煲1~2小时，拣去泽泻，调入盐和味精即可。

汤品解说

　　泽泻具有利水、渗湿、泄热的功效；白术有健脾除湿的作用；猪瘦肉能补气健脾。三者同用，对脾虚小便不利者有较好的食疗作用。

玉竹银耳枸杞汤

原料

玉竹……………………………………10 克
枸杞…………………………………… 20 克
银耳…………………………………… 30 克
白糖适量

做法

1. 将玉竹、枸杞分别洗净，备用；银耳洗净、泡发，撕成小片。
2. 将玉竹、银耳、枸杞一起放入沸水锅中煮10分钟，调入白糖即可。

汤品解说

　　玉竹养阴润燥、除烦止渴；银耳补脾开胃、益气清肠；枸杞益气养血。本品滋阴润燥、生津止渴，适合胃热炽盛型的糖尿病患者食用。

当归三七乌鸡汤

原料

乌鸡 ·· 250 克
当归 ·· 20 克
三七 ·· 8 克
盐、味精、生抽、蚝油各适量

做法

❶ 将当归、三七均用清水洗干净，用刀将三七
砸碎。
❷ 用水将乌鸡洗干净，用刀斩成块，放入开水
中煮5分钟，取出来过一遍冷水。
❸ 把做法❶、❷的原料放入炖盅中，加水，
以慢火炖3小时，加盐、味精、生抽、蚝油
调味即可。

汤品解说

当归活血和血、润燥滑肠；三七能止血散
瘀、消肿止痛。本品有行气止痛、止血去淤的
功效，适合心血瘀阻型冠心病患者食用。

鲜莲排骨汤

原料

新鲜莲子 ···································150 克
排骨 ·······································200 克
巴戟天 ··5 克
姜、盐、味精各适量

做法

❶ 将莲子去心；排骨洗净，剁成小段；姜洗
净，切成小片；巴戟天洗净，切成小段。
❷ 锅中加水烧沸，下排骨段余水后捞出。
❸ 将排骨段、莲子、巴戟天段、姜片一同放入
煲中，加适量清水，以大火烧沸后转小火炖
45分钟，加盐、味精调味即可。

汤品解说

莲子养心安神、补脾止泻；排骨补脾润
肠、补中益气；巴戟天补肾阳、壮筋骨。三者
合用，对失眠多梦、身体虚弱者有一定的食疗
作用。

冬瓜竹笋汤

原料

素肉……………………………………… 30 克
冬瓜……………………………………… 200 克
竹笋……………………………………… 100 克
香油、盐各适量

做法

❶ 将素肉放入清水中浸泡至软化，取出挤干水
分备用。

❷ 将冬瓜洗净，切片；竹笋洗净，切段。

❸ 置锅于火上，加入清水，以大火煮沸，加入
做法❶、❷的原料转小火煮沸，加入香油、
盐后，关火即可。

汤品解说

　　竹笋具有滋阴凉血、和中润肠的功效，能
够开胃健脾、消油腻、降低肠胃黏膜对脂肪的吸
收与积蓄；冬瓜富含的丙醇二酸，能抑制糖类转
化为脂肪。本品对肥胖者有明显的食疗功效。

天麻红花猪脑汤

原料

天麻、山药…………………………… 各10 克
红花……………………………………… 5 克
枸杞……………………………………… 6 克
猪脑……………………………………… 100 克
米酒、盐各适量

做法

❶ 将猪脑洗净，汆去腥味；山药、天麻、红
花、枸杞均洗净，备用。

❷ 炖盅内加水，放入除盐外的所有原料，煮至
猪脑熟烂，加盐调味即可。

汤品解说

　　天麻能息风定惊；红花可活血通经、去瘀
止痛；猪脑能补骨髓、益虚劳、滋肾补脑。本
品具有益智补脑、活血化瘀、平肝降压的功
效，能改善头晕头痛、偏正头风、神经衰弱等
症状，对脑梗患者也有一定的食疗作用。

天麻地龙炖牛肉

原料

牛肉··500 克
天麻、地龙·································各10 克
葱段、姜片、盐、胡椒粉、味精、酱油、料
酒各适量

做法

1. 牛肉洗净，切块，放入锅中，加水一起烧沸，略煮捞出，滤出牛肉汤待用。
2. 将天麻、地龙洗净。
3. 将油锅烧热，加葱段、姜片煸香，加酱油、料酒和牛肉汤烧沸，加盐、胡椒粉、味精、牛肉、天麻、地龙同炖至肉烂，拣去葱段、姜片即可。

汤品解说

　　天麻能息风定惊，治疗头风眩晕、肢体麻木；牛肉能强肾健体。本品有通络止痛的功效，适合偏头痛患者食用。

天麻川芎鱼头汤

原料

鳙鱼头···半个
天麻、川芎·································各5 克
枸杞、葱花、盐各适量

做法

1. 将鳙鱼头洗净，斩块；天麻、川芎分别用清水洗净，浸泡备用。
2. 锅洗净，置于火上，注入适量清水，下鳙鱼头、天麻、川芎、枸杞煲至熟，加盐调味，撒上葱花即可。

汤品解说

　　天麻可息风定惊；川芎可行气开郁、祛风燥湿、活血止痛。本品有祛风通络、行气活血的功效，适合帕金森病患者、中风半身不遂者食用。

龙胆草当归煲牛腩

原料

牛腩······750 克
龙胆草、当归······各20 克
冬笋······150 克
猪骨汤······1000 毫升
蒜、姜、料酒、白糖、酱油、味精、香油各适量

做法

1. 将牛腩洗净，下开水中煮20分钟捞出，切成块；冬笋洗净切块；蒜、姜洗净切末。
2. 锅置火上，油（原料外）烧热，下蒜末、姜末、牛腩、冬笋，加料酒、白糖、酱油翻炒10分钟。
3. 将猪骨汤倒入，加当归、龙胆草，用小火焖2小时至肉烂汁黏时关火，加入味精调味，淋上香油即可。

汤品解说

本品能清泻肝火、活血化瘀，对由肝火旺盛引起的打鼾、呼吸气粗有一定效果。

鸡骨草煲猪肺

原料

猪肺······350 克
鸡骨草······30 克
红枣······8 颗
高汤······1000 毫升
盐、味精各适量

做法

1. 将猪肺洗净切片；鸡骨草、红枣分别洗净。
2. 炒锅上火倒入水，下猪肺焯去血水，捞出冲净备用。
3. 净锅上火，倒入高汤，再下猪肺、鸡骨草、红枣，以大火煮沸后转小火煲至熟，加盐、味精调味即可。

汤品解说

猪肺有止咳、止血的功效，对肺虚咳嗽、咯血等症有较好的食疗作用。本品清热解毒、润肺止咳，可辅助治疗慢性支气管炎。

金银花水鸭汤

原料

水鸭·······························350 克
金银花、姜、枸杞·················各20 克
盐、鸡精各适量

做法

❶ 将水鸭去毛、内脏，洗净斩件；将金银花洗净，浸泡；姜洗净切片；枸杞洗净浸泡。

❷ 锅中注水，烧沸，放入鸭肉、姜片和枸杞，以小火慢炖1小时。

❸ 放入金银花，再炖1小时，调入盐和鸡精即可。

汤品解说

　　金银花清热解毒；鸭肉养胃滋阴、清肺解热、大补虚劳、利水消肿。二者合用，能清热解毒、利水消肿，对痔疮有一定的防治功效。

苋菜头猪大肠汤

原料

猪大肠·····························200 克
苋菜头····························100 克
枸杞、姜、盐各适量

做法

❶ 将猪大肠洗净，切段；苋菜头、枸杞分别洗净；姜洗净切片。

❷ 锅中注水烧沸，下猪大肠氽透。

❸ 将猪大肠段、姜片、枸杞、苋菜头一起放入炖盅内，注入清水，以大火烧沸后再用小火煲2.5小时，加盐调味即可。

汤品解说

　　苋菜头清热利湿、凉血止血止痢；猪大肠清热止痢。二者合用，能辅助治疗下痢脓血，适合急慢性肠炎患者、痢疾患者、大便秘结者食用。

黑豆莲枣猪蹄汤

原料

莲藕·····················200 克
猪蹄·····················150 克
黑豆····················· 80 克
红枣、当归················各10 克
姜、清汤、盐各适量

做法

① 将莲藕洗净，切成块；猪蹄洗净，斩块；黑豆、红枣洗净，浸泡20分钟备用；姜切片。
② 净锅上火倒入清汤，放入姜片、当归，调入盐烧沸，放入猪蹄、莲藕、黑豆、红枣煲至熟，即可食用。

黄豆猪蹄汤

原料

猪蹄·····················半只
黄豆····················· 45 克
枸杞、盐各适量

做法

① 将猪蹄洗净，切块，余水；黄豆用温水浸泡40分钟，备用。
② 净锅上火倒入水，调入盐，放入猪蹄、黄豆、枸杞煲60分钟，即可食用。

百合绿豆凉薯汤

原料

百合、绿豆················各200 克
凉薯·····················1 个
猪瘦肉···················· 50 克
盐、味精各适量

做法

① 将百合泡发；绿豆洗净；猪瘦肉洗净、切块。
② 将凉薯洗净，去皮，切成大块。
③ 将做法①、②的原料放入煲中，以大火煲开，再转小火煲15分钟，加入盐、味精调味，即可食用。

绿豆薏米汤

原料

薏米、绿豆 ······················· 各10 克

低脂奶粉 ························· 25 克

做法

1. 先将绿豆和薏米洗净，浸泡大约2小时。
2. 砂锅洗净，将绿豆与薏米加入水中煮滚，待水煮沸后转小火，将绿豆煮至熟透，汤汁呈黏稠状。
3. 滤出绿豆、薏米中的水，加入低脂奶粉搅拌均匀后，再倒回绿豆、薏米中即可。

参归山药猪腰汤

原料

猪腰 ···························1 个

人参、当归 ····················· 各10 克

山药块 ························· 30 克

香油适量

做法

1. 将猪腰剖开，去除筋膜，冲洗干净，在背面用刀划斜纹，切片备用。
2. 人参、当归放入砂锅中，加清水煮沸。
3. 再加入猪腰片、山药块，略煮至熟后加香油即可。

木瓜车前草猪腰汤

原料

猪腰、木瓜 ·····················各250 克

车前草、茯苓 ··················· 各10 克

醋、味精、盐各适量

做法

1. 将猪腰洗净，切片，焯水；车前草、茯苓洗净备用；木瓜洗净，去皮切块。
2. 净锅上火倒入少许油，加入适量水，调入盐、味精、醋，放入猪腰片、木瓜块、车前草、茯苓，以小火煲至熟即可。

半夏桔梗薏米汤

原料

半夏·····················15 克
桔梗·····················10 克
薏米····················· 50 克
冰糖适量

做法

❶ 将半夏、桔梗用水略冲。
❷ 将半夏、桔梗、薏米一起放入锅中，加水1000毫升煮至薏米熟烂，最后加入冰糖调味即可。

汤品解说

　　半夏能燥湿化痰、降逆止呕、消痞散结，治疗咳喘痰多、胸膈胀满；桔梗能开宣肺气、祛痰排脓，治疗外感咳嗽、肺痈吐脓。二者搭配，具有燥湿化痰、理气止咳的功效。本品适合痰湿蕴肺型的慢性支气管炎患者食用。

芡实红枣生鱼汤

原料

生鱼····················· 200 克
芡实····················· 20 克
红枣····················· 3 颗
山药、枸杞、姜、盐、胡椒粉各适量

做法

❶ 生鱼去鳞和内脏，洗净，切段后放入开水中稍烫；山药洗净浮尘；姜切片。
❷ 枸杞、芡实、红枣均洗净浸软。
❸ 锅置火上，倒入适量清水，放入生鱼、姜片煮沸，加入山药、枸杞、芡实、红枣煲至熟，最后加入盐、胡椒粉调味即可。

汤品解说

　　鱼肉可补体虚、健脾胃；芡实有益肾固精、补脾止泄的功效；红枣能益气补血、健脾和胃，对乏力便溏有一定疗效。三者同食，对慢性肠炎患者有较好的食疗效果。

罗汉果瘦肉汤

原料

罗汉果·····························1 个
枇杷叶··························15 克
猪瘦肉·······················500 克
盐适量

做法

❶ 将罗汉果洗净，打成碎块。

❷ 枇杷叶洗净，浸泡30分钟；猪瘦肉洗净，
切块。

❸ 将2000毫升水煮沸后加入罗汉果碎块、枇
杷叶、猪瘦肉块，以大火煲开后，转小火煲
3小时，加盐调味即可。

汤品解说

　　罗汉果能清肺润肠，治疗百日咳、痰火咳
嗽；枇杷叶清肺和胃、降气化痰。本品有清肺降
气的功效，可辅助治疗肺炎、急性扁桃体炎。

柚子炖鸡

原料

柚子·····························1 个
公鸡·····························1 只
姜片、葱段、盐、味精、料酒各适量

做法

❶ 将公鸡去皮毛、内脏，洗净，斩块；柚子洗
净，去皮，留肉。

❷ 将柚子肉、鸡肉放入砂锅中，加入葱段、姜
片、料酒和适量水。

❸ 将盛鸡的砂锅置于有水的锅内，隔水炖熟，
最后加盐和味精调味即可。

汤品解说

　　柚子能下气消食、化痰生津、降低血脂；鸡
肉能温中益气、补精添髓、缓解鼻塞。本品健胃
下气、化痰止咳，适合慢性咽炎患者食用。

绿豆莲子牛蛙汤

原料

牛蛙·······························1只
绿豆·····························150克
莲子·····························20克
高汤、盐各适量

做法

① 将牛蛙洗净，斩块，氽水。
② 将绿豆、莲子淘洗净，分别用温水浸泡50分钟备用。
③ 净锅上火，倒入高汤，再放入牛蛙、绿豆、莲子煲至熟，加盐调味即可。

汤品解说

　　绿豆能滋补强壮、清热解毒、利水消肿；莲子能帮助人体代谢，维持酸碱平衡。二者同用，能降压消脂，对脂肪肝有一定的食疗作用。

冬瓜薏米瘦肉汤

原料

冬瓜····························300克
猪瘦肉···························100克
薏米····························20克
姜、盐、鸡精各适量

做法

① 猪瘦肉洗净，切块，氽水；冬瓜去皮，洗净，切块；薏米洗净，浸泡；姜洗净，切片。
② 将猪瘦肉入水氽去血水后捞出备用；将冬瓜块、猪瘦肉块、薏米、姜片放入炖锅中，加适量水置大火上，炖1.5小时。
③ 调入盐和鸡精，转小火稍炖即可。

汤品解说

　　冬瓜具有清热利水、降压降脂的功效；薏米可利水消肿、健脾去湿。二者都可防止脂肪堆积，对脂肪肝患者有较好的食疗作用。

茵陈甘草蛤蜊汤

原料

茵陈·······························8 克
甘草·······························5 克
红枣·······························6 颗
蛤蜊·····························300 克
盐适量

做法

① 将蛤蜊冲洗干净，再用淡盐水浸泡，使其吐尽沙尘。

② 将茵陈、甘草、红枣分别洗净，以1200毫升水熬成高汤，熬至汤量约剩1000毫升，去渣留汁。

③ 将蛤蜊加入汤中煮至开口，加盐调味即可。

汤品解说

　　茵陈有利胆退黄、抗炎降压的功效；蛤蜊营养丰富，可保肝利尿。本品对乙肝、黄疸型肝炎有很好的食疗作用。

玉米须煲蚌肉

原料

玉米须·························50 克
蚌肉·························150 克
姜、盐各适量

做法

① 将蚌肉洗净；姜洗净，切片；玉米须洗净。

② 将蚌肉、姜片和玉米须一同放入砂锅，加水，以小火炖煮1小时，加盐调味即可。

汤品解说

　　玉米须利尿泄热、平肝利胆；蚌肉清热滋阴、明目解毒。本品可清热利胆、利水通淋，对慢性病毒性肝炎、小便不利等症有食疗作用。

白芍山药排骨汤

原料

白芍、白蒺藜·············· 各10克
山药······················ 250 克
竹荪······················15克
排骨······················ 1000 克
香菇······················ 20 克
盐适量

做法

❶ 排骨剁块，放入开水中汆烫，捞起冲洗；山
　药洗净切块；香菇去蒂，洗净切片。

❷ 竹荪以清水泡发，去伞帽、杂质，沥干，切
　段；排骨块盛入锅中，放入白芍、白蒺藜，
　加水炖30分钟。

❸ 加入山药块、香菇片、竹荪段继续煮10分
　钟，最后加盐调味即可。

汤品解说

　白芍能养血柔肝、缓中止痛；山药能补脾
养胃、生津益肺。本品能养肝补血。

红豆炖鲫鱼

原料

红豆······················ 50 克
鲫鱼······················1条
盐适量

做法

❶ 将鲫鱼处理干净，备用。

❷ 将红豆洗净，备用。

❸ 鲫鱼和红豆放入锅内，加2000～3000毫升
　水清炖，炖至鱼熟烂，加盐调味即可。

汤品解说

　红豆利水除湿、和血排脓、消肿解毒；鲫
鱼温中健脾。本品有健脾益气、解毒渗湿的功
效，对小便排出不畅患者有较好的食疗作用。

竹香猪肚汤

原料

熟猪肚·······················100 克
水发腐竹·······················50 克
姜、盐、味精、香油各适量

做法

1. 将熟猪肚切成丝；水发腐竹洗净，切成丝；姜洗净切末。
2. 净锅上火倒入油（原料外），将姜末炝香，放入猪肚丝、水发腐竹丝煸炒，倒入水，调入盐、味精烧沸，淋入香油即可。

莲子猪肚汤

原料

猪肚·······················1 个
莲子·······················100 克
姜、葱、盐、料酒、鸡精各适量

做法

1. 将猪肚洗净，用开水氽熟，切成两指宽的小段；葱洗净切末；姜洗净切片。
2. 将猪肚段、莲子、姜片入锅，加入清水炖煮；汤沸后，加入料酒，大火转小火继续焖煮。
3. 焖煮1个小时左右，至猪肚熟烂，再加入盐、鸡精，撒上葱末即可。

胡萝卜炖牛肉

原料

酱牛肉·······················250 克
胡萝卜·······················100 克
高汤·······················1000 毫升
葱花、盐各适量

做法

1. 将酱牛肉洗净，切块；胡萝卜去皮，洗净，切块，备用。
2. 净锅上火倒入高汤，放入酱牛肉块、胡萝卜块煲至熟，加盐调味，撒上葱花即可。

薄荷水鸭汤

原料

水鸭·······························400 克
薄荷·······························100 克
姜、盐、味精、鸡精、胡椒粉各适量

做法

❶ 将水鸭洗净，切成小块；薄荷洗净，摘取嫩叶；姜洗净切片。

❷ 锅中加水烧沸，下鸭块焯去血水，捞出。

❸ 净锅加油（原料外）烧热，放入姜片、鸭块炒干水分，加入适量清水，倒入煲中煲30分钟，再放入薄荷叶及其他原料调匀即可。

汤品解说

　　鸭肉具有大补虚劳、利水消肿、养胃滋阴、清热解热的功效。本品可疏散风热、补虚清肺，适合外感风热、头痛目赤、咽喉肿痛、肾炎水肿、小便不利者食用。

冬瓜薏米煲老鸭

原料

红枣、薏米·······················各10 克
冬瓜·······························200 克
鸭·································1 只
姜、盐、鸡精、胡椒粉、香油各适量

做法

❶ 冬瓜洗净，切块；鸭洗净，斩件；姜洗净，去皮，切片；红枣、薏米均洗净。

❷ 锅上火，油烧热（原料外），爆香姜片，加入清水烧沸，下鸭肉汆烫后捞起。

❸ 将鸭肉转入砂钵内，放入红枣、薏米烧沸后，放入冬瓜块煲至熟，加盐、鸡精、胡椒粉调味，淋上香油即可。

汤品解说

　　本品能清热祛湿、利水消肿，适合心烦气躁、口干烦渴、小便不利者食用。

女人调理养颜汤

现代女性工作繁忙、生活压力大、精神紧张、缺乏锻炼，容易产生免疫力下降、内分泌紊乱、毒素积存等多种健康问题。本章介绍的汤品充分结合了传统医药学、养生学和现代营养学，是女性调养身体必不可少的良方。其形为食品，性则为药品，可达到药物治疗和食物调养的双重功效。

黑豆猪皮汤

原料

猪皮·······················200 克
黑豆························50 克
红枣·······················10 颗
盐、鸡精各适量

做法

❶ 将猪皮刮干净，入开水中汆烫，待冷却后切块。

❷ 将黑豆、红枣分别洗净，泡发30分钟，放入砂锅，加适量水煲至豆烂，再加入猪皮块煲30分钟，至猪皮软化，加入盐和鸡精拌匀即可。

汤品解说

黑豆养血润肺，猪皮滋阴补虚，红枣调理气血，三者都具有养血益气、促进血液循环、畅通气血的功效，对改善面色萎黄有一定的帮助，适合女性食用。

玫瑰枸杞汤

原料

玫瑰花瓣 ····················· 20 克
玫瑰露酒 ·····················50 毫升
醪糟·······················250 毫升
枸杞、杏脯、葡萄干·············· 各10 克
白糖、醋、淀粉各适量

做法

❶ 将新鲜的玫瑰花瓣洗净，切丝备用。

❷ 锅中加水烧沸，放入白糖、醋、醪糟、枸杞、杏脯、葡萄干，再倒入玫瑰露酒，煮沸后转小火继续煮，最后用少许淀粉勾芡拌匀，撒上玫瑰花丝即可。

汤品解说

枸杞具有滋肾润肺的功效；玫瑰能利气行血；葡萄干可润肺养血；杏脯可健脾。本品适合女性面色萎黄者食用。

党参麦冬瘦肉汤

原料

猪瘦肉·······················300 克
党参·························15 克
麦冬·························10 克
山药·························80 克
姜、盐、鸡精各适量

做法

❶ 将猪瘦肉洗净后切成小块；将党参、麦冬分别用清水洗净；山药和姜去皮、切片。

❷ 将猪瘦肉块入开水中氽去血污，洗净沥干。

❸ 在锅内注水烧沸，放入猪瘦肉块、党参、麦冬、山药片、姜片，以小火炖至熟烂，加入盐和鸡精调味即可。

汤品解说

　　党参具有补中益气、止渴、健脾益肺、养血生津的功效；麦冬可养阴生津、润肺清心。本品具有益气滋阴、健脾和胃的功效，适合气虚体质的女性食用。

黄芪蔬菜汤

原料

西蓝花·······················300 克
西红柿·······················200 克
香菇、黄芪·····················各15 克
盐适量

做法

❶ 将西蓝花切小朵，剥除梗子上的硬皮，洗净；将西红柿洗净，在外表轻划数刀，入开水中氽烫至皮卷起，捞起剥皮切块；香菇洗净，对切。

❷ 将黄芪加适量水煮沸后，转小火煮10分钟，再加入西红柿和香菇继续煮15分钟，最后加入西蓝花，转大火煮沸，加盐调味即可。

汤品解说

　　本品具有益气补虚、均衡营养的功效，适合气虚体质的女性食用。

当归桂圆鸡汤

原料

鸡肉··································· 200 克
桂圆肉································· 20 克
当归····································· 5 克
葱段、姜片、盐各适量

做法

❶ 将鸡肉洗净,切成小块;桂圆肉洗净;当归洗净,备用。

❷ 汤锅上火,加入适量清水,调入盐、葱段和姜片,下鸡肉块、桂圆肉、当归,以大火将其煲至熟烂即可食用。

五灵脂红花炖鱿鱼

原料

鱿鱼··································· 200 克
五灵脂································· 9 克
红花····································· 6 克
葱、姜、盐、料酒各适量

做法

❶ 将鱿鱼洗净,切块;姜洗净切片;葱洗净切段;五灵脂、红花均洗净,备用。

❷ 把鱿鱼放在蒸盆内,加入料酒,再放入盐、姜片、葱段,以及五灵脂和红花,注入清水,将蒸盆置蒸笼内,用大火蒸35分钟即可。

川芎当归黄鳝汤

原料

黄鳝··································· 200 克
川芎、当归··························· 各10 克
桂枝、红枣··························· 各10 克
盐适量

做法

❶ 将黄鳝剖开去除内脏,洗净,入开水锅内稍煮,捞起过冷水,刮去黏液,切长段;川芎、当归、桂枝洗净;红枣洗净,浸软去核。

❷ 将以上原料放入砂锅,加适量清水,以大火煮沸后转小火煲2小时,加盐调味即可。

冬瓜瑶柱汤

原料

冬瓜·····················200 克
瑶柱······················20 克
草菇······················10 克
虾························30 克
高汤···················800毫升
姜、盐、鸡精各适量

做法

❶ 将冬瓜去皮，洗净，切片；瑶柱洗净，泡发，备用；草菇洗净，对切；虾剥去壳，挑去泥肠，洗净；姜去皮，切片。

❷ 锅置于火上，放入姜片爆香，下高汤、冬瓜片、瑶柱、虾、草菇煮熟，加盐、鸡精调味即可食用。

汤品解说

　　冬瓜利水消痰、除烦止渴、祛湿解暑；瑶柱滋阴、养血、补肾。二者与草菇、虾合用，更有滋阴补血、利水祛湿的功效。

生姜肉桂炖猪肚

原料

猪肚····················150 克
猪瘦肉···················50 克
肉桂······················5 克
薏米······················25 克
姜、盐各适量

做法

❶ 将猪肚里外反复洗净，余水后切成长条；猪瘦肉洗净后切成块。

❷ 姜去皮，洗净，用刀拍烂；肉桂浸透洗净，刮去粗皮；薏米淘洗干净。

❸ 将以上原料放入炖盅，加适量清水，隔水炖2小时，加盐调味即可。

汤品解说

　　本品可促进血液循环、强化胃功能，对畏寒肢冷的女性有较好的食疗作用。

吴茱萸板栗羊肉汤

原料

枸杞 ······························ 20 克
羊肉 ······························ 150 克
板栗 ······························ 30 克
吴茱萸、桂枝 ······················ 各10 克
盐适量

做法

❶ 将羊肉洗净，切块；板栗去壳，洗净，切块；枸杞洗净，备用。

❷ 将吴茱萸、桂枝洗净，煎取药汁备用。

❸ 锅内加适量水，放入羊肉块、板栗块、枸杞，以大火烧沸，再转小火煮20分钟，倒入药汁，继续煮10分钟，加盐调味即可。

汤品解说

　　羊肉补血益气、温中暖肾；吴茱萸、桂枝暖宫散寒、温经活血；板栗、枸杞滋阴补肾。本品能有效改善女性畏寒怕冷、四肢冰冷的症状。

猪肠核桃汤

原料

猪大肠 ···························· 200 克
核桃仁 ···························· 60 克
熟地 ······························ 30 克
红枣 ······························ 10 颗
姜丝、葱末、盐、料酒各适量

做法

❶ 将猪大肠洗净，入开水中余2~3分钟，捞出切块；核桃仁捣碎。

❷ 红枣洗净，备用；熟地用干净纱布包好。

❸ 锅内加水适量，放入盐以外的所有原料，以大火烧沸，转小火煮40~50分钟，捡出纱布袋，调入盐即可。

汤品解说

　　猪大肠润肠补虚；核桃仁润肠通便；熟地补血养阴；红枣益气养血。本品对因脾肾亏虚而引起的便秘有较好的食疗效果。

三味羊肉汤

原料

羊肉·····························250 克
熟附子···························30 克
杜仲·····························25 克
熟地······························15 克
姜、盐各适量

做法

❶ 将羊肉洗净切块，备用；姜洗净切片。

❷ 将熟附子、杜仲和熟地放入棉布包扎好，即成药材包。

❸ 将羊肉、姜片、药材包一起放入锅中，加适量水至没过材料。

❹ 以大火煮沸后，转小火慢炖至熟烂，起锅前捞去药材包，加盐即可。

汤品解说

　　羊肉性热、暖中补虚、补中益气；熟附子温经逐寒；杜仲、熟地理气养血、补肝肾。本品有温补阳气的功效，能驱除寒气。

肉桂煲虾丸

原料

虾丸····························150 克
猪瘦肉、肉桂·····················各5 克
薏米·····························25 克
熟油、姜、盐、味精各适量

做法

❶ 虾丸对切；猪瘦肉洗净切块；姜洗净拍烂；肉桂洗净；薏米淘净。

❷ 将上述材料放入炖煲，待水沸后，先用中火炖1小时，再转小火炖1小时，最后加熟油、盐、味精调味即可。

汤品解说

　　虾丸和猪瘦肉都有补虚强身、增强人体免疫力的作用；肉桂养血；薏米健脾补肺。本品可活络气血，添温祛寒，增强体质。

鲜人参煲乳鸽

原料

乳鸽······1 只
鲜人参······30 克
红枣······10 颗
姜、盐、味精各适量

做法

❶ 乳鸽去毛和内脏，洗净余水；鲜人参洗净；红枣洗净去核；姜洗净去皮，切片。

❷ 将乳鸽、人参、红枣、姜片同装入煲，加水适量，用大火炖2小时，最后加盐和味精调味即可。

汤品解说

乳鸽能补肾益精；人参是药材上品，有"补五脏"的功效，能固本补虚；红枣可补脾益气。三者配伍，有调理女性生理功能的功效。

黄精海参炖乳鸽

原料

乳鸽······1 只
枸杞、黄精、海参······各10克
盐适量

做法

❶ 乳鸽去毛和内脏，洗净余水；黄精、海参洗净泡发；枸杞洗净。

❷ 将盐以外的所有原料放入瓦煲，加水，以大火煮沸，转小火煲2.5小时，加盐调味即可。

汤品解说

乳鸽、枸杞、黄精和海参都具有补肾益精的作用，四者配伍功效更明显。本品可治肾虚、益精髓，适宜因肾虚而致性欲减退的女性食用。

肉苁蓉莲子羊骨汤

原料

羊骨······································400 克
肉苁蓉、莲子···························各20 克
盐、鸡精各适量

做法

① 将羊骨洗净，斩块氽水；肉苁蓉洗净，切块；莲子洗净，去心。

② 将羊骨块、肉苁蓉块、莲子放入炖盅，锅中注水，烧沸后放入炖盅以小火炖2小时，调入盐和鸡精即可。

白术茯苓牛蛙汤

原料

白术、茯苓····························各10 克
牛蛙···································200 克
芡实、白扁豆·························各20 克
盐适量

做法

① 将白术、茯苓洗净，煎水，去渣留汁。

② 牛蛙宰洗干净，去皮斩块；芡实、白扁豆均洗净。将芡实和白扁豆放入砂锅内，以大火煮沸后

③ 转小火炖煮20分钟，再将牛蛙放入锅中炖煮，加入盐与药汁，一同煲至熟烂即可。

土茯苓绿豆老鸭汤

原料

老鸭···································500 克
土茯苓··································20 克
绿豆····································20 克
陈皮····································10 克
盐适量

做法

① 将老鸭洗净，斩件；土茯苓、绿豆和陈皮用清水浸透，洗净，备用。

② 瓦煲内加入适量清水，以大火烧沸，放入土茯苓、绿豆、陈皮和老鸭肉，待水再开，转小火继续煲3小时，加盐调味即可。

鲫鱼枸杞汤

原料

鲫鱼 ···································· 450 克
枸杞 ······································ 20 克
姜丝、香菜段、盐、香油、料酒各适量

做法

❶ 将鲫鱼去鳞、去内脏，处理干净，用适量姜
丝、盐、料酒腌渍入味，装盘。

❷ 将枸杞洗净、泡发后均匀地撒在鲫鱼身上，
将盘放入锅内，上火隔水蒸至熟，撒上适量
香菜段，淋上香油即可。

银杏莲子乌鸡汤

原料

银杏、莲子 ·······················各40 克
乌鸡腿 ···································1 个
盐适量

做法

❶ 将乌鸡腿洗净，剁块，氽烫后捞出冲净；莲
子洗净。

❷ 将乌鸡腿块放入锅中，加水至没过材料，以
大火煮沸，转小火煮20分钟。

❸ 加入莲子、银杏，继续煮30分钟，最后加
盐调味即可。

莲子茯神猪心汤

原料

猪心 ······································1 个
莲子 ···································· 200 克
茯神 ······································ 25 克
葱段、盐各适量

做法

❶ 将猪心洗净，氽去血水。

❷ 将莲子、茯神洗净后入锅，注水烧沸，捞出
备用。

❸ 将猪心、莲子、茯神放入炖盅，注入清水，
以小火煲煮2小时，加盐、撒上葱段即可。

海螵蛸鱿鱼汤

原料

鱿鱼·······························100克

补骨脂······························30克

桑螵蛸、红枣·····················各10克

海螵蛸······························50克

葱花、姜丝、盐、味精各适量

做法

❶ 将鱿鱼泡发，洗净切卷；海螵蛸、桑螵蛸、补骨脂、红枣洗净。

❷ 将海螵蛸、桑螵蛸、补骨脂水煎取汁。

❸ 锅中放入鱿鱼卷、红枣、药汁，同煮至鱿鱼熟后，加盐、味精、葱花、姜丝调味即可。

汤品解说

　　鱿鱼与红枣均有养胃补虚的功效；补骨脂、桑螵蛸、海螵蛸皆可温肾止泻。五者搭配食用，能强健肾脏功能，减少排尿次数。

桑螵蛸红枣鸡汤

原料

鸡腿·································1只

桑螵蛸······························10克

红枣·································8颗

鸡胸肉······························5克

盐适量

做法

❶ 将鸡腿剁块，洗净，氽去血水；桑螵蛸、红枣洗净备用。

❷ 将鸡胸肉、桑螵蛸、红枣、鸡腿块一同装入锅，加1 000毫升水，用大火煮沸，再转小火炖2小时，最后加盐调味即可。

汤品解说

　　桑螵蛸可补肾益血；鸡腿和红枣都具有强身健体的功效。本品能增强体质、提高免疫力，对女性夜尿频者有一定的食疗作用。

胡萝卜荸荠煮鸡腰

原料

胡萝卜、荸荠······························各100 克
鸡腰····································150 克
山药、枸杞、茯苓、黄芪················各10 克
姜、盐、料酒、味精各适量

做法

❶ 胡萝卜、荸荠均洗净，胡萝卜去皮切菱形，荸荠去皮；山药、枸杞、茯苓、黄芪均洗净；鸡腰处理干净；姜洗净切片。

❷ 将胡萝卜、荸荠下锅焯水；鸡腰加料酒、少量盐和味精（原料外）腌渍后下锅汆水。

❸ 将做法❶、❷中的原料放入锅中，加适量清水，以大火烧沸后转小火煲熟，加盐、味精调味即可。

汤品解说

　　鸡腰补肾益气；胡萝卜、荸荠、枸杞皆有明目的功效；山药、黄芪、茯苓可治肾虚。故本品适宜因肾虚而致眼眶发黑者食用。

枸杞叶猪肝汤

原料

猪肝····································200 克
枸杞叶···································10 克
黄芪、沙参································各5 克
姜、盐各适量

做法

❶ 猪肝洗净，切成薄片；枸杞叶洗净；沙参、黄芪润透，切段；姜洗净切片。

❷ 将沙参、黄芪加水熬成药汁。

❸ 在药汁中下入猪肝片、枸杞叶和姜片，煮5分钟后调入盐即可。

汤品解说

　　猪肝具有补肝明目、滋阴养血的功效；枸杞叶能养血明目；黄芪治肾虚；沙参可滋阴、养肝气。诸药配伍同食，具有补肝明目的功效，适宜眼眶发黑者食用。

熟地鸡腿冬瓜汤

原料

熟地·····································50 克
鸡腿·····································300 克
冬瓜·····································100 克
姜、葱、盐、鸡精、胡椒粉各适量

做法

❶ 熟地洗净；鸡腿洗净切块；冬瓜洗净切片；
葱洗净切段；姜洗净切片。

❷ 烧油锅，炒香姜片、葱段，放适量清水，以
大火煮沸，放入鸡腿块焯烫，滤除血水。

❸ 砂煲上火，放入鸡腿块、熟地、冬瓜片，
以小火炖约40分钟，加盐、鸡精、胡椒粉
调味即可。

汤品解说

　　熟地甘温质润，能补阴益精生血，是养血
补虚之佳品，配伍鸡腿食用，可补肾养血，对
由肾虚、血虚引起的产后血晕均有疗效。

红枣枸杞鸡汤

原料

枸杞、红枣·····························各30 克
党参·····································3 根
鸡肉·····································300 克
姜片、葱段、盐、香油、生抽、料酒、鸡精、
胡椒粉各适量

做法

❶ 将鸡肉洗净后剁成块状；红枣、枸杞、党参
洗净，备用。

❷ 将姜片、葱段及做法❶的原料入水炖煮，加
入盐、生抽、胡椒粉、料酒煮约10分钟，转
小火炖稍许，撒上鸡精，淋上香油即可。

汤品解说

　　红枣可补中益气、养血安神；枸杞可滋补
肝肾；鸡肉可强身健体、补虚。三者合用，适
宜血虚气脱型产后血晕患者食用。

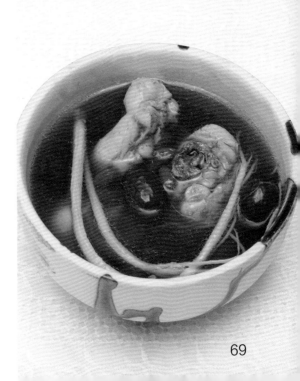

茯苓双瓜汤

原料

茯苓·······························30 克

薏米·······························20 克

西瓜、冬瓜··················各500 克

红枣·······························5 颗

盐适量

做法

❶ 将西瓜、冬瓜洗净，切块；茯苓、薏米、红枣洗净。

❷ 往瓦煲内加2000毫升清水，煮沸后加入茯苓、薏米、西瓜块、冬瓜块、红枣，以大火煲开后转小火煲3小时，调入盐即可。

汤品解说

　　茯苓、薏米均有健脾利湿的功效；西瓜、冬瓜热量低，可清热消烦。本品能有效抑制肥胖发展，适宜女性肥胖症患者饮服。

黑木耳红枣猪蹄汤

原料

黑木耳·······························20 克

红枣·································15 颗

猪蹄·······························300 克

盐适量

做法

❶ 黑木耳洗净浸泡；红枣去核，洗净；猪蹄去净毛，斩块，洗净后氽水。

❷ 锅置火上，将猪蹄干爆5分钟。

❸ 将清水2000毫升放入瓦煲内，煮沸后加入盐以外的所有原料，以大火煲开后转小火煲3小时，加盐调味即可。

汤品解说

　　猪蹄富含胶原蛋白，可丰胸；黑木耳、红枣能益气补血、抗癌美容。三者搭配有助于增强乳房的弹性和韧性，可有效防止乳房下垂。

木瓜煲猪蹄

原料

猪蹄·······················350 克
木瓜·······················1 个
姜、盐、味精各适量

做法

❶ 将木瓜剖开，去籽、去皮，切成小块；姜洗净，切片。

❷ 将猪蹄去毛，洗净，斩成小块，再放入开水中氽去血水。

❸ 将猪蹄、木瓜块、姜片装入煲内，加适量清水煲至熟烂，加入盐、味精调味即可。

银耳木瓜鲫鱼汤

原料

银耳·······················20 克
木瓜、鲫鱼·················各500 克
姜片、盐各适量

做法

❶ 银耳浸泡，去除根蒂硬结部分，撕成小朵，洗净；木瓜去皮、去籽，切块。

❷ 鲫鱼处理好并洗净；油锅下姜片，将鲫鱼两面煎至金黄。

❸ 将瓦煲内注入适量水，煮沸后加入盐以外的所有原料，以大火煲20分钟，加盐调味即可。

猪蹄鸡爪冬瓜汤

原料

猪蹄、鸡爪·················各250 克
木香·······················5 克
冬瓜·······················50 克
花生·······················20 克
姜、盐、鸡精各适量

做法

❶ 猪蹄洗净，斩块，氽水；鸡爪洗净；冬瓜去皮、瓤，洗净切块；花生洗净；姜洗净切片；木香洗净，煎汁备用。

❷ 将猪蹄块、鸡爪、姜片、花生放入炖盅，注入清水，以大火烧沸，放入冬瓜块、药汁，转小火炖煮2小时，加盐、鸡精调味即可。

阿胶鸡蛋汤

原料

阿胶 ·· 9 克
鸡蛋 ·· 3 个
枸杞、盐各适量

做法

❶ 将鸡蛋煮熟，去壳。
❷ 锅中注入适量清水，放入阿胶煮至溶化。
❸ 放入煮熟的鸡蛋和枸杞，稍煮，加盐调味即可。

汤品解说

　　阿胶是补虚佳品，能补血滋阴；鸡蛋可滋阴益气。本品可用于血虚所致的乳房发育不良，还可改善面色苍白、月经不调等症。

杜仲寄生鸡汤

原料

炒杜仲 ·· 50 克
桑寄生 ·· 25 克
鸡腿 ··· 1 只
盐适量

做法

❶ 将鸡腿剁成块，洗净，在开水中汆烫，去除血水，备用。
❷ 将炒杜仲、桑寄生、鸡腿块一起放入锅中，加水至没过所有的材料。
❸ 先用大火煮沸，然后转小火继续煮25分钟左右，快要熟时加入盐调味即可。

汤品解说

　　炒杜仲补肝肾、调冲任、固经安胎；桑寄生可补肾安胎。两者配伍同用，对肝肾亏虚、下元虚冷引起的妊娠下血、先兆流产均有疗效。

阿胶牛肉汤

原料

阿胶粉······15 克
牛肉······100 克
米酒、姜、红糖各适量

做法

❶ 将牛肉洗净，去筋切片；姜洗净切片。

❷ 将牛肉片与姜片、米酒一起放入砂锅，加适量水，用小火煮30分钟。

❸ 再加入阿胶粉，并不停地搅拌，至阿胶粉溶化后加入红糖，搅拌均匀即可。

汤品解说

　　阿胶甘平，能补血止血、调经安胎；牛肉补脾生血，与阿胶配伍，温中补血的效果更佳；与姜、米酒同食，能增加健脾和胃、理气安胎的功效。本品对由气血亏虚引起的胎动不安、胎漏下血有很好的食疗效果。

杜仲炖排骨

原料

杜仲······12 克
排骨······250 克
红枣······10 克
枸杞、米酒、盐各适量

做法

❶ 将排骨斩块，入水氽烫除去血丝和腥味，备用。

❷ 将杜仲、红枣、枸杞洗净；枸杞和红枣分别泡发备用。

❸ 锅置火上，倒入适量清水，将所有原料一起放入砂锅中，炖熬25分钟左右，待汤水快收干时，熄火即可。

汤品解说

　　杜仲有补肝肾、强筋骨、安胎等作用，可治腰脊酸疼、胎漏欲坠、胎动不安等症；排骨具有滋阴壮阳、益精补血的功效。本品能安胎、降压，适宜妊娠高血压患者食用。

莲子芡实瘦肉汤

原料

猪瘦肉……………………………………100 克

芡实、莲子……………………………各20 克

盐适量

做法

❶ 将猪瘦肉洗净，剁成块；芡实洗净；莲子去皮、去心，洗净。

❷ 锅中注入清水烧沸，将猪瘦肉的血水滚尽，捞起洗净。

❸ 将猪瘦肉块、芡实、莲子一起放入炖盅，注入适量清水，以大火烧沸，转小火煲煮2小时，加盐调味即可。

汤品解说

　　芡实固肾健脾、稳固胎象；莲子补脾止泻、滋补元气；猪瘦肉补气养血。本品对由气血亏虚引起的习惯性流产、妊娠腹泻等症有较好的食疗效果。

艾叶煮鹌鹑

原料

艾叶……………………………………… 30 克

菟丝子…………………………………… 15 克

鹌鹑……………………………………… 2 只

盐、味精、料酒、香油各适量

做法

❶ 将鹌鹑洗净，斩件；艾叶、菟丝子分别洗净。

❷ 砂锅中注入清水2000毫升，放入艾叶、菟丝子和鹌鹑。

❸ 烧沸后，捞去浮沫，加入料酒和盐，以小火炖至熟烂，下味精、淋香油即可。

汤品解说

　　艾叶散寒止痛、温经止血、暖宫安胎；菟丝子补肾温阳、理气安胎；鹌鹑能益气补虚。本品可用于小腹冷痛、滑胎下血、宫冷不孕等症。

菟丝子煲鹌鹑蛋

原料

菟丝子⋯⋯⋯⋯⋯⋯⋯⋯⋯⋯⋯⋯⋯ 9 克

红枣、枸杞⋯⋯⋯⋯⋯⋯⋯⋯⋯⋯ 各12 克

熟鹌鹑蛋⋯⋯⋯⋯⋯⋯⋯⋯⋯⋯⋯ 400 克

姜片、盐各适量

做法

❶ 菟丝子洗净，装入小布袋中，扎紧袋口；红枣及枸杞均洗净；熟鹌鹑蛋去壳。

❷ 将红枣、枸杞及装有菟丝子的小布袋放入锅内，加入适量水。

❸ 再加入熟鹌鹑蛋和姜片，煮沸，转小火继续煮60分钟，捡去布袋，加入盐调味即可。

汤品解说

　　鹌鹑蛋强壮筋骨、补气安胎；红枣养血益气；枸杞滋补肝肾。三者配伍，对体质虚弱、气血不足的习惯性流产患者有很大的补益作用。

木瓜炖猪肚

原料

木瓜、猪肚⋯⋯⋯⋯⋯⋯⋯⋯⋯⋯ 各1 个

清汤⋯⋯⋯⋯⋯⋯⋯⋯⋯⋯⋯⋯ 1000 毫升

姜、盐、胡椒粉、淀粉各适量

做法

❶ 木瓜去皮、去籽，洗净切块；猪肚用盐、淀粉稍腌，洗净切条；姜去皮，洗净切片。

❷ 锅上火，姜片爆香，加适量水烧沸，放入猪肚条、木瓜块，焯烫片刻，捞出沥干水。

❸ 将猪肚条转入砂锅中，倒入清汤、姜片，以大火炖30分钟，再下木瓜块炖20分钟，下盐、胡椒粉调味即可。

汤品解说

　　木瓜具有滋阴益胃的功效，猪肚可补气健脾，姜可温胃散寒。三味搭配炖汤食用，对由脾胃气虚引起的妊娠呕吐有一定的食疗作用。

参芪猪肝汤

原料

党参、黄芪·······················各10 克
猪肝·······························300 克
枸杞、盐各适量

做法

❶ 将猪肝洗净，切片。
❷ 将党参、黄芪放入煮锅，加适量的水，以大火煮沸，转小火熬汤。
❸ 熬20分钟后，转中火，放入枸杞煮3分钟，放入猪肝，待水沸腾，加盐调味即成。

汤品解说

　　猪肝具有补肝明目、滋阴养血的功效；黄芪可补肾补虚、益气固表；党参能补中益气；枸杞能滋肾明目。四者搭配同食，有助于褪去黑眼圈。

红豆煲乳鸽

原料

乳鸽·······························1 只
红豆······························100 克
胡萝卜·······························50 克
姜、盐、胡椒粉各适量

做法

❶ 乳鸽去毛、去内脏洗净，焯烫；红豆洗净，泡发；胡萝卜和姜均去皮洗净，切片。
❷ 锅上火，加适量清水，放入姜片、红豆、乳鸽、胡萝卜片，以大火烧沸后转小火煲2小时；起锅前调入盐、胡椒粉即可。

汤品解说

　　红豆清热解毒、利水消肿；胡萝卜健脾行气；乳鸽益气补血、滋阴补肾。三者合用，对肾虚型妊娠肿胀有一定的食疗作用。

鲜车前草猪肚汤

原料

鲜车前草 ································· 30 克
猪肚 ····································· 130 克
薏米、红豆 ···························· 各20 克
红枣 ····································· 3 颗
盐、生粉各适量

做法

❶ 鲜车前草、薏米、红豆洗净；猪肚外翻，用盐、生粉反复搓擦，清水冲净。

❷ 锅中注水烧沸，加入猪肚汆至收缩状，捞出切片。

❸ 将砂煲内注入清水，煮沸后加入除盐以外的所有食材，以小火煲2.5小时，加盐调味即可。

汤品解说

车前草利尿通淋、消除水肿；猪肚健脾补虚；薏米、红豆均健脾利水、清热解毒。本品对脾虚湿盛型妊娠水肿患者有很好的食疗效果。

百合红豆甜汤

原料

红豆 ····································· 100 克
百合 ····································· 12 克
红糖适量

做法

❶ 将红豆淘净，放入碗中，浸泡3小时。

❷ 红豆放入锅中，加适量水煮沸，转小火煮至半开状。

❸ 将百合剥瓣，修葺花瓣边的老硬部分后，洗净，加入锅中继续煮至汤变黏稠为止，加红糖调味，搅拌均匀即可。

汤品解说

红豆有润肠通便、调节血糖、解毒抗癌、健美减肥的作用；百合滋阴益胃、养心安神、降压降脂。两者配伍有降低血压的功效。

灵芝核桃枸杞汤

原料

灵芝·······················30 克
核桃仁·····················50 克
红枣·······················5 颗
枸杞·······················10 克
冰糖、葱段各适量

做法

❶ 灵芝切小块；核桃仁用水泡发，撕去黑皮；
枸杞泡发。
❷ 煲中放水，下灵芝、核桃仁、枸杞、红枣，
盖上盖煲40分钟。
❸ 将火调小，下冰糖、葱段调味，待冰糖溶化
即可食用。

汤品解说

灵芝可宁心安神、补益五脏；核桃仁可补
血养气、补肾填精；枸杞可滋补肝肾。本品适
宜产妇在产后血晕恢复期食用。

丹参三七炖鸡

原料

乌鸡·······················1 只
丹参·······················30 克
三七·······················10 克
姜丝、盐各适量

做法

❶ 乌鸡洗净切块；丹参、三七洗净。
❷ 将三七、丹参装入纱布袋中，扎紧袋口。
❸ 将药袋与乌鸡块同放入砂锅中，加清水适
量，烧沸后，加入姜丝和盐，以小火炖1小时
即可。

汤品解说

三七和丹参均为化瘀止血的良药，可散可
收，既能止血，又能活血散瘀，适合产后多虚
多瘀的患者食用，对产后腹痛有显著效果。

当归芍药排骨汤

原料

当归、白芍、熟地、丹参、川芎⋯⋯⋯各15 克

三七粉⋯⋯⋯⋯⋯⋯⋯⋯⋯⋯⋯⋯⋯ 5 克

排骨⋯⋯⋯⋯⋯⋯⋯⋯⋯⋯⋯⋯⋯ 500 克

米酒、盐各适量

做法

❶ 将排骨切块洗净，余烫去腥，再用冷开水冲
洗干净，沥水备用。

❷ 将当归、白芍、熟地、丹参、川芎入水煮
沸，下排骨块，加米酒，待水煮沸，转小火
继续煮30分钟，最后加入三七粉拌匀，加
盐调味即可。

汤品解说

　　当归、白芍、熟地均是补血良药；丹参、
川芎、三七均可活血化瘀。故本品对血瘀型产
后恶露出血者有很好的疗效。

鸡血藤鸡肉汤

原料

鸡肉⋯⋯⋯⋯⋯⋯⋯⋯⋯⋯⋯⋯200 克

鸡血藤、姜、川芎⋯⋯⋯⋯⋯⋯⋯各20 克

盐适量

做法

❶ 鸡肉洗净，切片余水；姜洗净切片；鸡血
藤、川芎洗净，放入锅中，加水煎煮，留取
药汁备用。

❷ 将余水后的鸡肉片、姜片放入锅中，以大
火煮沸，转小火炖煮1小时，再倒入药汁煮
沸，加入盐调味即可食用。

汤品解说

　　川芎行气止痛、活血化瘀；鸡血藤通经通
络。本品对由气滞血瘀所致的产后腹痛、闭经
痛经、小腹或胸胁刺痛均有很好的疗效。

当归生姜羊肉汤

原料

当归·····································50 克
姜···20 克
羊肉·····································500 克
盐、酱油各适量

做法

❶ 先将羊肉洗净，切成小块，放入开水锅内汆去血水，捞出晾凉。

❷ 将当归、姜用水洗净，顺切成大片。

❸ 取砂锅放入适量清水，放入羊肉块、当归片、姜片，以大火烧沸后去掉浮沫，转小火炖至羊肉烂熟，加盐、酱油调味即可。

汤品解说

　　当归具有补血活血、调经止痛、润燥滑肠的功效；姜具有发汗解表、温肺止咳、解毒的功效；羊肉可暖胞宫、散寒凝。本品对由产后寒凝血淤引起的腹痛有很好的疗效。

归芪乌鸡汤

原料

当归·····································30克
黄芪·····································15 克
红枣······································6 颗
乌鸡······································1 只
盐适量

做法

❶ 当归、黄芪分别洗净；红枣去核，洗净；乌鸡去内脏，洗净，汆水。

❷ 将2000毫升清水放入瓦煲中，煮沸后放入当归、黄芪、红枣、乌鸡，以大火煮沸，再转小火煲2小时，加盐调味即可。

汤品解说

　　当归甘温质润，能补血活气、调经止痛；黄芪可补气健脾；红枣可益气养血；乌鸡能补血调经。四者配伍，对由气血亏虚引起的经间期出血、缺铁性贫血症状均有一定食疗效果。

枸杞党参鱼头汤

原料

鱼头·······························1 个

枸杞·····························15 克

山药片、党参、红枣·················各10克

盐、胡椒粉各适量

做法

❶ 鱼头洗净，剖成两半，放入热油锅稍煎；山药片、党参、红枣均洗净；枸杞泡发洗净。

❷ 汤锅加入适量清水，用大火烧沸，放入鱼头煲至汤汁呈乳白色。

❸ 加入山药片、党参、红枣、枸杞，用中火继继续炖1小时，加入盐、胡椒粉调味即可。

无花果煲猪肚

原料

无花果····························· 20 克

猪肚·······························1 个

蜜枣······························· 20 克

姜、盐、鸡精、胡椒、醋各适量

做法

❶ 猪肚用盐、醋擦洗后冲净；无花果、蜜枣洗净；胡椒稍研碎；姜洗净，去皮切片。

❷ 锅中注水烧沸，将猪肚汆去血沫后捞出。

❸ 将所有原料（盐、鸡精除外）一同放入砂煲中，加清水，大火煲滚后转小火煲2小时，至猪肚软烂后调入盐、鸡精即可。

黄芪牛肉蔬菜汤

原料

黄芪····························· 25 克

牛肉····························· 500 克

西红柿、西蓝花、土豆·············· 各100 克

盐适量

做法

❶ 牛肉切大块，汆水，捞起冲净；西红柿、土豆均洗净，切块；西蓝花洗净，切小朵。

❷ 将盐以外的所有原料与水一起入锅，以大火煮沸后转小火继续煮30分钟，加盐调味即可。

十全乌鸡汤

原料

当归、熟地、党参、炒白芍、白术、茯苓、黄芪、川芎、甘草、肉桂、枸杞、红枣…各10 克
乌鸡腿……………………………………1 只
盐适量

做法

❶乌鸡腿剁块，放入开水中汆烫，捞起冲净；将各种药材以清水快速冲洗，沥干备用。

❷将乌鸡腿和所有药材一道盛入炖锅，加适量的水，以大火煮沸。

❸转小火慢炖30分钟，加盐调味即成。

虾仁豆腐汤

原料

鱿鱼、虾仁…………………………… 各100 克
豆腐………………………………… 25 克
鸡蛋…………………………………1 个
葱、盐各适量

做法

❶将鱿鱼、虾仁处理干净；豆腐洗净切条；鸡蛋打入盛器搅匀备用；葱洗净切花。

❷净锅上火倒入水，放入鱿鱼、虾仁、豆腐条，烧沸至熟后倒入鸡蛋液，煮沸后再放入盐和葱花即可。

金针黄豆煲猪蹄

原料

猪蹄………………………………… 300 克
金针菇……………………………… 50 克
黄豆………………………………… 50 克
葱、盐、胡椒粉各适量

做法

❶猪蹄洗净，斩块，汆水；金针菇、黄豆均洗净泡发；葱洗净切花。

❷将猪蹄、金针菇、黄豆一起放进瓦煲，注入清水，以大火烧沸，转小火煲1.5小时，加盐、胡椒粉、葱花调味即可。

通草丝瓜对虾汤

原料

通草·································· 6 克

对虾·································· 8 只

丝瓜······························ 200 克

葱段、蒜、盐各适量

做法

❶ 将通草、丝瓜、对虾分别洗干净，虾去除泥肠。

❷ 将蒜去皮，拍切成细末；丝瓜切成条状。

❸ 起锅，倒入油（原料外），放入对虾、通草、丝瓜条、葱段、蒜末、盐，用中火煎至将熟时，再放些油（原料外），加水，烧沸即可。

汤品解说

　　通草可下乳汁、利小便；丝瓜清热解毒、通络下乳；虾有较好的下乳作用。本品能改善产后乳少、因乳腺炎导致的乳汁不通等症。

莲子土鸡汤

原料

土鸡······························ 300 克

莲子······························· 30 克

姜、盐、味精各适量

做法

❶ 先将土鸡剁成块，洗净，入开水中焯去血水；莲子洗净，泡发；姜切片。

❷ 将鸡肉、莲子、姜片一起放入炖盅内，加开水适量，放入锅内，炖蒸2小时，最后加入盐、味精调味即可。

汤品解说

　　鸡肉可温中益气、补精添髓；莲子有补益气血的功效。本品能补虚损、健脾胃，对因产后气血亏虚引起的缺乳有很好的补益效果。

百合莲子排骨汤

原料

排骨·····································500 克
莲子、百合·····························各50 克
枸杞、米酒、盐、味精各适量

做法

❶ 将排骨洗净，斩块，放入开水中氽烫一下，去掉血水，捞出备用。

❷ 将莲子和百合一起洗净，莲子去心，百合掰成瓣，备用。

❸ 将排骨、莲子、百合、枸杞、米酒一同放入锅中炖煮至排骨完全熟烂，起锅前加入盐、味精调味即可。

汤品解说

　　百合、莲子均可清心泻火、安神解郁；枸杞滋补肝肾；米酒行气活血。本品对女性产后抑郁、心悸心慌、失眠多梦有很好的改善作用。

当归炖猪心

原料

党参·····································20 克
当归·····································15 克
猪心·····································1 个
葱、姜、盐、料酒各适量

做法

❶ 将猪心剖开，洗净，将猪心里的血水、血块去除干净。

❷ 将党参、当归洗净，再一起放入猪心内，用竹签固定；葱、姜洗净切丝。

❸ 在猪心上撒上葱丝、姜丝、料酒，再将猪心放入锅中，隔水炖熟后，加盐调味即可。

汤品解说

　　猪心可改善心悸、失眠、健忘等症状；当归补血活血；党参益气健脾。三者合用，对心脾两虚型产后抑郁患者有一定的食疗效果。

金银花茅根猪蹄汤

原料

金银花、桔梗、白芷、茅根…………各15 克

猪蹄…………………………………………1 只

黄瓜……………………………………… 35 克

盐适量

做法

❶ 将猪蹄洗净，切块，氽水；黄瓜洗净，切滚刀块，备用。

❷ 将金银花、桔梗、白芷、茅根洗净，装入纱布袋，袋口扎紧。

❸ 汤锅上火倒入水，下猪蹄、药袋，调入盐烧沸，煲至快熟时下黄瓜，将捞起药袋丢弃即可。

汤品解说

金银花清热解毒，白芷敛疮生肌，茅根凉血止血，桔梗排脓消肿，猪蹄可通乳汁。本品对由乳汁淤积导致的急性乳腺炎有一定食疗效果。

苦瓜牛蛙汤

原料

紫花地丁、蒲公英………………… 各15 克

苦瓜…………………………………… 200 克

牛蛙…………………………………175 克

清汤…………………………………800毫升

姜片、盐各适量

做法

❶ 将苦瓜去籽，洗净，切厚片，用盐水稍泡；紫花地丁、蒲公英均洗净，备用。

❷ 牛蛙处理干净，斩块，氽水备用。

❸ 净锅上火倒入清汤，调入盐、姜片烧沸，下牛蛙块、苦瓜片、紫花地丁、蒲公英煲至熟即可。

汤品解说

紫花地丁、蒲公英均可清热解毒、消肿排脓；苦瓜泻火解毒；牛蛙清热利尿。本品对各种热毒性炎症均有较好的食疗作用。

佛手瓜白芍瘦肉汤

原料
佛手瓜·····················200 克
白芍·······················20 克
猪瘦肉·····················400 克
红枣·······················5 颗
盐适量

做法
1 将佛手瓜洗净，切片，汆水。
2 将白芍、红枣洗净；猪瘦肉洗净，切片，汆水。
3 将800毫升清水放入瓦煲内，煮沸后加入做法1、2中的原料，大火煮沸后，转小火煲2小时，加盐调味即可。

汤品解说
　　佛手瓜舒肝解郁、理气和中、活血化瘀；白芍可补血、柔肝、止痛。本品可用于由肝郁气滞所致的月经不调、食少腹胀、心神不安等症。

六味乌鸡汤

原料
杜仲、菟丝子、桑寄生、山药、银杏···各10 克
枸杞·······················5 克
乌鸡肉·····················300 克
姜、盐各适量

做法
1 乌鸡肉洗净，切块；杜仲、菟丝子、桑寄生、山药、银杏和枸杞分别洗净，沥干；姜洗净，去皮切片。
2 将以上全部原料放入锅中，倒入适量清水，加盐拌匀。
3 用大火煮沸后，转小火炖30分钟即可。

汤品解说
　　杜仲、菟丝子、桑寄生均可滋补肝肾、理气安胎。本品对由肾虚引起的月经先后不定期、习惯性流产等症均有很好的食疗效果。

黑豆益母草瘦肉汤

原料

猪瘦肉·······················250 克
黑豆··························50 克
薏米··························30 克
益母草························20 克
枸杞··························10 克
盐、鸡精各适量

做法

❶ 猪瘦肉洗净，切块，氽水；黑豆、薏米、枸杞洗净，浸泡；益母草洗净。

❷ 将猪瘦肉块、黑豆、薏米放入锅中，加入清水慢炖2小时。

❸ 放入益母草、枸杞稍炖，调入盐和鸡精即可。

汤品解说

　　益母草活血化瘀、调经止痛；黑豆解毒利尿、滋阴补肾；薏米清热祛湿；枸杞滋阴补肾。本品对血热型月经过多有较好的食疗作用。

三七当归猪蹄汤

原料

鲜三七品·······················20 克
当归··························10 克
猪蹄·························250 克
红枣··························15 克
盐适量

做法

❶ 将猪蹄剃去毛，用清水洗净，在开水中煮2分钟捞出，待冷后，斩块备用。

❷ 将三七、当归、红枣均洗净，备用。

❸ 将做法❶、❷中的原料放入锅内，加适量清水，以大火烧沸后，转小火煮2.5~3小时，待猪蹄熟烂后加入盐调味即可。

汤品解说

　　三七活血化瘀、散血止血；当归既活血又补血，为补血调经第一良药；猪蹄能益气补血、养血美容。本品适合气血亏虚的女性食用。

西洋参炖乳鸽

原料

乳鸽·····································1 只
西洋参片·······························40 克
山药·································· 50 克
红枣·································· 8 颗
姜片、盐各适量

做法

❶ 西洋参片略洗；山药洗净，浸泡半小时，切
片；红枣洗净；乳鸽去毛和内脏，切块。

❷ 将以上原料和姜片放入炖盅内，加入适量
开水，盖好，隔水小火炖3小时，加盐调味
即可。

汤品解说

　　乳鸽益气养血、滋补肝肾；西洋参生津
止渴；山药是补气佳品；红枣益气补血。四
者炖汤食用，对因气虚导致的月经过多有改
善作用。

川芎鸡蛋汤

原料

川芎·································15 克
鸡蛋··································1 个
米酒······························ 20 毫升
盐适量

做法

❶ 将川芎洗净，浸泡于清水中20分钟至发，
备用。

❷ 将鸡蛋打入碗内，适当放盐拌匀，备用。

❸ 锅中注入适量清水，放入川芎，以大火煮滚
后倒入蛋液，转小火，蛋熟后下米酒即可。

汤品解说

　　川芎能活血行气，是妇科活血调经的良
药；米酒既活血又补血；鸡蛋能益气补虚。三
者合用，可加强活血调经的功效。

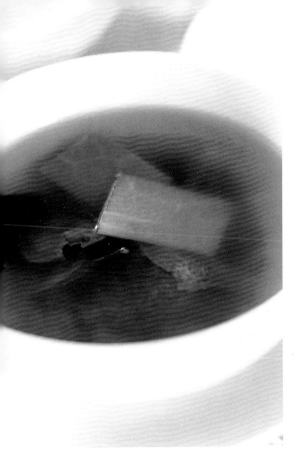

山楂二皮汤

原料

山楂、白糖·······················各20 克

柚子皮··························15 克

陈皮····························10 克

做法

❶ 将山楂洗净，切片。

❷ 将陈皮、柚子皮均洗净，切块备用。

❸ 锅内加水适量，放入山楂片、陈皮、柚子皮，以小火煮沸15~20分钟，去渣取汁，调入白糖即可。可分成2次服用。

汤品解说

　　山楂活血化瘀、行气消食，对由气滞血淤引起的痛经有较好疗效；陈皮、柚子皮均具有行气止痛的功效，对肝郁气滞型痛经有一定疗效。

百合熟地鸡蛋汤

原料

百合、熟地·······················各50 克

鸡蛋·····························2 个

蜜糖适量

做法

❶ 将百合、熟地洗净。

❷ 将鸡蛋煮熟，捞出，去壳备用。

❸ 将以上全部原料放入炖盅内，加清水适量，用大火煮沸后，转小火煲1个小时，最后加入蜜糖即可。

汤品解说

　　熟地滋阴补肾、补肝养血；百合滋阴生津、养心安神；鸡蛋健脾补气。本品对肾虚型经间期出血、腰膝酸痛、潮热盗汗等症均有疗效。

旱莲草猪肝汤

原料

旱莲草······························· 5 克
猪肝······························· 300 克
葱、盐各适量

做法

❶ 旱莲草入锅，加适量的水以大火煮沸，转小火继续煮10分钟；猪肝洗净，切片；将葱洗净，切段。

❷ 只取旱莲草汤汁，转中火将汤再次烧沸，放入肝片，待汤沸，加盐调味，最后将葱段撒在汤面即可。

汤品解说

　　旱莲草滋补肝肾、凉血止血，与猪肝配伍有止血兼补血的作用。本品对各种出血症状均有很好的食疗效果，也可改善因出血导致的贫血。

归参炖母鸡

原料

当归·······························15 克
党参······························· 20 克
母鸡·······························1 只
葱、姜、料酒、盐各适量

做法

❶ 将母鸡宰杀后，去毛、去内脏，洗净，切块；葱、姜洗净切丝。

❷ 将剁好的鸡块放入开水中焯去血水。

❸ 砂锅中注入清水，下鸡块、当归、党参、姜丝，置于大火上烧沸后，转小火炖至鸡肉烂熟，最后加入葱丝、料酒、盐调味即可。

汤品解说

　　当归补血活血、调经止痛；党参具有益气补虚的功效；母鸡可大补元气。三者搭配炖汤食用，对气血虚弱型痛经有很好的调养效果。

莲子茅根炖乌鸡

原料

萹蓄、土茯苓、茅根·················· 各15 克

红花··· 8 克

莲子·· 50 克

乌鸡肉··· 200 克

盐适量

做法

❶ 将莲子、萹蓄、土茯苓、茅根、红花分别洗净备用。

❷ 将乌鸡肉洗净切块，入开水汆烫去血水。

❸ 把以上原料一起放入炖盅内，加适量开水，炖盅加盖，以小火隔水炖3小时，加盐调味即可。

汤品解说

　　萹蓄、土茯苓、茅根均可清热利湿、消炎杀菌；莲子健脾补肾、固涩止带；乌鸡滋补肝肾。本品可辅助治疗湿热型盆腔炎。

鸡蛋马齿苋汤

原料

马齿苋······································· 250 克

鸡蛋·· 2 个

盐适量

做法

❶ 将马齿苋用温水泡10分钟，择去根和老黄叶，清水洗净，切成段，备用。

❷ 鸡蛋煮熟后去壳。

❸ 锅洗净，置于火上，将马齿苋、鸡蛋一起放入锅中同煮5分钟后，加盐调味即可。

汤品解说

　　马齿苋有清热凉血、消炎解毒的功效。本品可改善阴道瘙痒、带下黄臭等症，但不适宜脾胃虚弱者、大便泄泻者和孕妇食用。

当归熟地烧羊肉

原料

当归、熟地······················各20克

羊肉···························500克

干姜、盐、料酒、酱油各适量

做法

❶ 将羊肉用清水冲洗，洗去血水，切成块状，
放入砂锅中。

❷ 再放入当归、熟地、干姜、酱油、盐、料酒
等原料和调味料，加清水至没过材料，以大
火煮沸，再转小火煮至肉烂熟即可。

汤品解说

当归对由血淤或血虚引起的闭经有较好疗
效，熟地补血养肝，羊肉温经祛寒。本品能改
善月经不调、腹部冷痛、四肢冰凉等症。

参归枣鸡汤

原料

党参、当归····················各15克

红枣·····························8颗

鸡腿·····························1只

盐适量

做法

❶ 将鸡腿洗净切块，放入开水中汆烫，捞起
冲净。

❷ 将鸡腿与党参、当归、红枣一起入锅，加
适量水以大火煮沸，再转小火继续煮30分
钟；起锅前加盐调味即可。

汤品解说

党参、当归配伍可补气养血；红枣补益中
气、养血补虚。本品有调经理带的作用，可改
善因贫血造成的闭经，月经稀发、量少等症。

佛手元胡猪肝汤

原料

佛手、元胡·······················各10克
香附·····························8克
猪肝····························100克
葱、姜、盐各适量

做法

❶ 将佛手、元胡、香附洗净，备用；猪肝洗净切片，备用；姜洗净切丝；葱洗净切花。

❷ 将佛手、元胡、香附放入锅内，加适量水煮沸，再用小火煮15分钟左右。

❸ 加入猪肝片，放适量盐、姜丝、葱花，猪肝片熟后即可食用。

汤品解说

元胡、佛手、香附均有行气止痛、活血化瘀、宽胸散结的功效；猪肝养肝补血。四者合用，能补血调经，还可辅助治疗乳腺增生。

三七薤白鸡肉汤

原料

鸡肉······················350克
枸杞······················20克
三七、薤白·················各8克
盐适量

做法

❶ 鸡肉处理干净，切块，汆水；三七洗净，切片；薤白洗净，切碎；枸杞洗净，浸泡。

❷ 将鸡肉块、三七片、薤白碎、枸杞一起放入锅中，加适量清水，用小火慢煲2小时后，加盐调味即可食用。

汤品解说

薤白具有通阳散结、行气止痛的功效；三七可活血化瘀、散结止痛。两者合用，对因气滞血淤导致的乳腺增生有很好的食疗效果。

锁阳羊肉汤

原料

锁阳……………………………………15 克
香菇……………………………………5 朵
羊肉………………………………… 250 克
姜、盐各适量

做法

❶ 将羊肉洗净、切块，放入开水中氽烫，捞出
备用；将香菇洗净，切丝；将锁阳、姜均洗
净备用。

❷ 将以上原料放入锅中，加适量水，以大火煮
沸后，再用小火慢慢炖煮至软烂，起锅前加
盐调味即可。

汤品解说

锁阳可滋阴补肾、增强性欲；羊肉温补肾
阴、温经散寒；香菇益气滋阴、抗老防衰。本
品对肾阳亏虚型卵巢早衰患者有较好的食疗
作用。

松茸鸽蛋海参汤

原料

海参、松茸……………………………各20 克
鸽蛋、水发虫草花……………………各30 克
清汤………………………………… 500 毫升

做法

❶ 将海参泡发，洗净备用；将松茸洗净后用热
水泡透。

❷ 将鸽蛋、水发虫草花、海参分别入开水中快
速氽水，捞出备用。

❸ 净锅下清汤、松茸，汤沸后倒入炖盅内，再
下鸽蛋、海参和水发虫草花，盖上盖子，放
入蒸笼，旺火蒸10分钟至味足即可。

汤品解说

海参可改善由卵巢早衰引起的女性精血亏
虚、性欲低下、月经不调等症状；虫草花、松
茸、鸽蛋均具有补肾益气、延年抗衰的功效。

鲍鱼瘦肉汤

原料

鲍鱼 ·· 2 只
猪瘦肉 ··· 150 克
参片 ··· 12 片
枸杞、盐、味精各适量

做法

❶ 将鲍鱼杀好洗净；猪瘦肉切小块。

❷ 将鲍鱼、猪瘦肉块、参片、枸杞放入盅内，加水适量，用中火蒸1小时，最后放入盐、味精调味即可。

汤品解说

　　鲍鱼富含多种蛋白质，有较好的抗衰老作用；参片大补元气；枸杞滋补肝肾。本品对阴阳具虚型卵巢早衰症有一定的改善效果。

莲子补骨脂猪腰汤

原料

补骨脂 ·· 50 克
猪腰 ·· 1 个
莲子、核桃 ·································· 各40 克
姜、盐各适量

做法

❶ 补骨脂、莲子、核桃分别洗净浸泡；猪腰剖开除去白色筋膜，加盐揉洗，以水冲净；姜洗净，去皮切片。

❷ 将上述原料放入砂煲中，注入清水，以大火煲沸后转小火煲煮2小时，加盐调味即可。

汤品解说

　　补骨脂滋阴补肾、养巢抗衰；莲子清心醒脾、补肾固精；核桃可补肾气。三者配伍同用，可改善雌激素水平、增强性欲。

甘草红枣炖鹌鹑

原料

鹌鹑·································· 3 只

甘草、红枣···················· 各10 克

猪瘦肉··························· 30 克

姜、盐、味精各适量

做法

❶ 将甘草、红枣入清水中润透，洗净；姜洗净
切片。

❷ 猪瘦肉洗净，切成小方块；鹌鹑洗净，与猪
瘦肉块一起入开水中汆去血沫后捞出。

❸ 将做法❶、❷中的原料一同装入炖盅内，加适
量水，入锅炖40分钟后，加盐、味精即可。

汤品解说

　　鹌鹑有补肾阳、补气血的功效；红枣能补
中益气、养血安神；甘草能治五脏六腑寒热邪
气，久服能轻身延年。三味配伍，对肾阳亏虚
型更年期综合征有较好的食疗作用。

生地木棉花瘦肉汤

原料

猪瘦肉······················· 300 克

生地、木棉花·············· 各10 克

青皮···························· 6 克

盐适量

做法

❶ 猪瘦肉洗净，切块，汆水；生地洗净，切
片；木棉花、青皮均洗净。

❷ 锅置火上，加水烧沸，放入猪瘦肉块、生地
片慢炖1小时。

❸ 放入木棉花、青皮再炖半个小时，加盐调味
即可。

汤品解说

　　生地杀菌消炎，可辅助治疗急性盆腔炎；
青皮行气除胀，对气滞血淤型盆腔炎有很好的
疗效；木棉花清热利湿，对由湿热下注引起的
急性盆腔炎有很好的疗效。

熟地当归鸡汤

原料

熟地·······························25 克
当归·······························20 克
白芍·······························10 克
鸡腿·······························1 只
姜、葱、盐各适量

做法

❶ 鸡腿洗净剁块，放入开水中汆烫，捞起冲净；葱、姜洗净切丝；熟地、当归、白芍分别用清水快速冲净。

❷ 将鸡腿块、姜丝和所有药材放入炖锅中，加适量水以大火煮沸，再转小火继续炖30分钟。

❸ 起锅后，加盐调味、撒上葱花即可。

汤品解说

　　熟地滋阴补肾、补血生津，当归补血活血，白芍养肝血，鸡腿益气补虚。本品有补肾养血的功效，适合肾阴虚型更年期综合征患者食用。

核桃沙参汤

原料

核桃仁·····························50 克
沙参·······························20 克
姜片、红糖各适量

做法

❶ 将核桃仁冲洗干净；沙参洗净。

❷ 砂锅内放入核桃仁、沙参和姜片。

❸ 加水以小火煮40分钟，最后加入红糖即可。

汤品解说

　　核桃仁补肾生髓、益智补脑、润肠通便，沙参滋阴生津。本品可改善皮肤干燥、皱纹横生等症状，适合更年期女性食用。

鱼腥草银花瘦肉汤

原料

鱼腥草·····················30 克
金银花·····················15 克
白茅根·····················25 克
连翘·······················12 克
猪瘦肉·····················100 克
盐、味精各适量

做法

❶ 将鱼腥草、金银花、白茅根、连翘洗净。
❷ 将做法❶的药材一同放入锅内加水煎煮，以小火煮30分钟，去渣留药汁。
❸ 将猪瘦肉洗净切片，放入药汁内，以小火煮熟，加盐、味精调味即可。

汤品解说

　　鱼腥草清热解毒、消肿排脓、镇痛止血；金银花、连翘均可清热解毒、消炎杀菌；白茅根凉血利尿。四味搭配对阴道炎有较好疗效。

黄花菜马齿苋汤

原料

干黄花菜、马齿苋·················各50 克
苍术·······················10 克

做法

❶ 将黄花菜洗净，入开水焯烫，再用凉水浸泡2小时以上；将马齿苋用清水洗净，备用；苍术用清水洗净，备用。
❷ 锅洗净，置于火上，将黄花菜、马齿苋、苍术一同放入锅中。
❸ 注入适量清水，以中火煮成汤即可。

汤品解说

　　黄花菜清热解毒，苍术燥湿止痒、排毒化浊，马齿苋清热解毒、利湿。本品适合阴道炎、肠炎、皮肤湿疹等湿热性病症患者食用。

土茯苓绿豆老鸭汤

原料

土茯苓·························· 50 克

绿豆·························· 200 克

陈皮··························· 3 克

老鸭·························· 500 克

盐适量

做法

❶ 先将老鸭洗净，切块，备用。

❷ 将土茯苓、绿豆和陈皮用清水浸透，洗净。

❸ 瓦煲内加入适量清水，以大火烧沸，然后放入土茯苓、绿豆、陈皮和老鸭，待再次烧沸后，转小火继续煲3小时，加盐调味即可。

汤品解说

　　绿豆转清热解毒，土茯苓解毒除湿，老鸭清热毒、利小便。三者合用，对阴道炎患者有较好的食疗效果。

苦瓜黄豆牛蛙汤

原料

苦瓜·························· 400 克

黄豆··························· 50 克

牛蛙·························· 500 克

红枣··························· 5 颗

盐适量

做法

❶ 苦瓜去瓤，切成小段，洗净；牛蛙处理干净，切块；红枣和黄豆洗净泡发。

❷ 将1600毫升清水放入瓦煲内，煮沸后加入以上所有原料，以大火煮沸后，转小火继续煲1.5小时，加盐调味即可。

汤品解说

　　苦瓜能除邪热、解劳乏，黄豆健脾利尿，牛蛙具有清热解毒、利尿通淋的功效。三者搭配煮汤食用，对由湿热引起的尿道炎有较好效果。

三七木耳乌鸡汤

原料

乌鸡·······················150 克
三七·························5 克
黑木耳·······················10 克
盐适量

做法

❶ 乌鸡处理干净，切块；三七浸泡，洗净，切成薄片；黑木耳泡发，洗净，撕成小朵。

❷ 锅中注入适量清水烧沸，放入乌鸡，氽去血水后捞出洗净。

❸ 用瓦煲装适量清水，煮沸后加入乌鸡块、三七片、黑木耳，以大火煲沸后转小火煲2小时，加盐调味即可。

汤品解说

　　三七可化瘀定痛、活血止血，乌鸡可调补气血、滋阴补肾，黑木耳可凉血止血。本品对肾虚血淤型子宫肌瘤患者有较好的食疗效果。

桂枝土茯苓鳝鱼汤

原料

鳝鱼、蘑菇·······················各100 克
土茯苓·························30 克
桂枝、赤芍·······················各10 克
盐、米酒各适量

做法

❶ 将鳝鱼洗净，切小段；蘑菇洗净，撕成小朵；桂枝、土茯苓、赤芍洗净备用。

❷ 将桂枝、土茯苓、赤芍先放入锅中，以大火煮沸后转小火继续煮20分钟。

❸ 放入鳝鱼段煮5分钟后，放入蘑菇炖煮3分钟，加盐、米酒调味即可。

汤品解说

　　土茯苓除湿解毒，赤芍散淤止痛，桂枝活血化瘀，蘑菇益气补虚，鳝鱼通络散结。五味搭配，可辅助治疗湿热淤结型子宫肌瘤。

党参山药猪肚汤

原料

猪肚·····································250 克

党参、山药····························各20 克

黄芪·······································10 克

枸杞、姜、盐各适量

做法

❶ 猪肚洗净，汆水，切块；党参、山药、黄芪、枸杞均洗净；姜洗净切片。

❷ 将以上原料一起放入砂煲内，加清水至没过材料，以大火煲沸，再转小火煲3小时，加盐调味即可。

汤品解说

　　党参、山药、黄芪均是补气健脾的佳品；猪肚能健脾益气、升提内脏。本品对气虚所致的内脏下垂，如胃下垂、子宫脱垂、脱肛、肾下垂等症有较好的食疗作用。

黄芪猪肝汤

原料

当归、党参、黄芪·····················各20 克

熟地···8 克

猪肝·······································200 克

姜丝、米酒、香油、盐各适量

做法

❶ 当归、党参、黄芪、熟地洗净，加适量的水，熬取药汁备用；猪肝洗净切片。

❷ 香油加姜丝爆香后，入猪肝片炒至半熟，盛起备用。

❸ 将米酒、药汁入锅煮沸，放入猪肝片再煮沸，最后加盐调味即可。

汤品解说

　　党参、黄芪可补气健脾、升阳举陷；当归可益气补血；熟地可滋补肝肾。本品对气血亏虚导致的子宫脱垂有较好的食疗作用。

参芪玉米排骨汤

原料

党参、黄芪……………………各15克
小排骨……………………300克
玉米……………………100克
盐适量

做法

❶ 将玉米洗净，剁成小块。
❷ 将小排骨切块，开水汆烫去腥，捞起沥水，备用。
❸ 将玉米、小排骨、党参、黄芪一起放入砂锅内，以大火煮沸后，再以小火炖煮约40分钟，待汤入味，起锅前加盐调味即可。

汤品解说

　　党参、黄芪均有补中益气的功效，黄芪还能升阳举陷。本品能增强脾胃之气，对子宫脱垂、胃下垂等症有较好的食疗功效。

佛手老鸭汤

原料

老鸭……………………250克
佛手……………………100克
生地、丹皮、枸杞……………各10克
盐、鸡精各适量

做法

❶ 老鸭处理干净，切块，汆水；佛手洗净，切片；枸杞洗净，浸泡；生地、丹皮煎汁，去渣备用。
❷ 锅中放入老鸭块、佛手片、枸杞，加入适量清水，以小火慢炖。
❸ 至香味四溢时，倒入药汁，放入盐和鸡精稍炖即可。

汤品解说

　　佛手疏肝理气，老鸭清热凉血，生地、丹皮敛疮生肌。本品适宜乳腺癌患者食用。

排骨苦瓜煲陈皮

原料

苦瓜·······················200 克
排骨·······················300 克
蒲公英······················10 克
陈皮························ 8 克
葱、姜、盐、胡椒粉各适量

做法

❶ 将苦瓜洗净，去籽，切块；排骨洗净，斩块，汆水；陈皮洗净；蒲公英洗净，煎汁去渣；葱、姜洗净切丝。

❷ 煲锅上火倒入水，放入葱丝、姜丝，下排骨块、苦瓜块煲至八成熟。

❸ 加入陈皮，倒入药汁，调入胡椒粉和盐即可。

汤品解说

　　蒲公英清热解毒、利尿散结，苦瓜清热泻火，陈皮可理气散结、止痛。三者同用，可缓解由乳腺癌导致的局部皮肤红肿热痛等症状。

三七冬菇炖鸡

原料

三七························12 克
冬菇·······················30 克
鸡肉·······················500 克
红枣·······················20 克
姜、蒜、盐各适量

做法

❶ 将三七洗净；冬菇洗净，温水泡发；姜切丝，蒜捣烂成泥。

❷ 将鸡肉洗净，斩块；红枣洗净。

❸ 将三七、冬菇、鸡肉块、红枣放入砂煲中，加入姜丝、蒜泥，注水适量，以慢火炖煮，待鸡肉烂熟，加盐调味即可。

汤品解说

　　三七活血化瘀，能明显缩短出血和凝血时间；冬菇防癌抗癌、益气补虚；鸡肉、红枣均可益气补血。本品可辅助治疗子宫内膜癌。

薏米煮土豆

原料

薏米·· 50 克
土豆··· 200 克
荷叶··· 20 克
姜、葱、料酒、盐、味精、香油各适量

做法

❶ 将薏米洗净；土豆洗净并切成3厘米见方的块；姜洗净拍松；葱洗净切段。

❷ 将薏米、土豆、荷叶、姜、葱段、料酒一起放入炖锅内，加水，置大火上烧沸。

❸ 转小火炖煮35分钟，加入盐、味精、香油调味即可。

汤品解说

　　薏米、荷叶均有健脾利湿、调理肠胃的功效，能促进体内血液和水分的新陈代谢；土豆可缓急止痛、通利大便。本品能改善便秘症状。

葛根荷叶牛蛙汤

原料

牛蛙··· 250 克
鲜葛根··· 120 克
荷叶··· 15 克
盐、味精各适量

做法

❶ 将牛蛙洗净，切小块；鲜葛根去皮，洗净，切块；荷叶洗净，切丝。

❷ 把以上原料一齐放入煲内，加清水适量，以大火煮沸，转小火继续煮1小时，加盐和味精调味即可。

汤品解说

　　葛根对改善循环、降脂减肥有很好的作用；荷叶可降血脂；牛蛙富含蛋白质，且脂肪含量少。三者搭配食用，对女性肥胖症患者有一定的食疗效果。

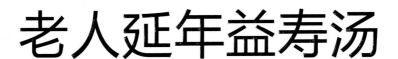

老人延年益寿汤

随着年龄的增长，人在步入老年后，身体的生理状况乃至各个器官的功能，都发生了很大的变化。因此，老年人的饮食选择及安排就应区别于一般的成年人，有独特的需要和禁忌。经常喝汤就是一个不错的选择，容易消化且吸收快。尤其是对症喝汤，不仅美味，还能治疗一些慢性疾病，延年益寿。

川芎白芷鱼头汤

原料

川芎、白芷 ······························ 各10 克

鱼头 ···································· 1 个

姜、盐、红枣各适量

做法

❶ 将鱼头洗净，去鳃，起油锅，下鱼头煎至微黄，取出备用；川芎、白芷、姜洗净切片。

❷ 把川芎片、白芷片、姜片、红枣、鱼头一起放入炖锅内，加适量开水，炖锅加盖，以小火隔水炖2小时，最后加盐调味即可。

汤品解说

川芎可活血化瘀、行气止痛，白芷可祛病除湿、排脓生肌。本品可缓解恶寒发热、无汗、头痛身重、咳嗽吐白痰、小便清等感冒症状。

板蓝根丝瓜汤

原料

板蓝根 ································ 20 克

丝瓜 ·································· 250 克

盐适量

做法

❶ 将板蓝根洗净，备用；将丝瓜洗净，连皮切片，备用。

❷ 砂锅内加水适量，放入准备好的板蓝根、丝瓜片。

❸ 以大火烧沸，再转小火煮15分钟至熟，去渣，加入盐调味即可。

汤品解说

板蓝根具有清热解毒、除菌抗炎的功效，丝瓜可泻火明目。本品可用于流感、流行性结膜炎等病症。

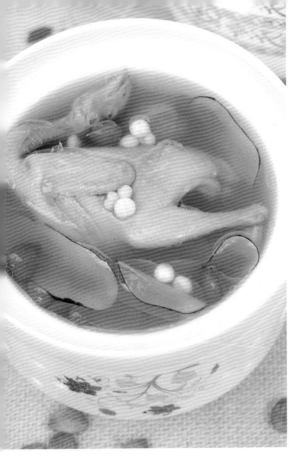

海底椰贝杏鹌鹑汤

原料

鹌鹑······················1只
海底椰····················20克
川贝母、杏仁、枸杞·············各10克
蜜枣·····················20克
盐适量

做法

❶ 将鹌鹑处理干净；川贝母、杏仁均洗净；蜜枣、枸杞均洗净泡发；海底椰洗净切薄片。

❷ 锅中注入适量水，烧开，下鹌鹑，汆尽血水，捞起洗净。

❸ 瓦煲中注入适量水，放入上述原料，以大火烧开，转小火煲3小时，加盐调味即可。

汤品解说

　　本品可润肺止咳、益气补虚，适宜由肺虚导致的哮喘、咳嗽、咳痰、气喘等老年患者食用；也适宜体质虚弱、神疲乏力的老年人食用。

旋覆花乳鸽汤

原料

乳鸽······················1只
旋覆花、沙参················各10克
山药·····················20克
盐适量

做法

❶ 将乳鸽去毛并清理内脏，洗净，切成小块。

❷ 山药、沙参洗净，切片；旋覆花洗净，备用；将沙参片、旋覆花放入药袋中，扎紧袋口。

❸ 将乳鸽、山药放入砂锅中，加入药袋、盐及适量清水，用小火炖30分钟至肉烂，捞出药袋，吃肉喝汤。

汤品解说

　　本品有健脾益胃的功效，能改善久咳引起的体虚、食欲不振等症。

大肠枸杞核桃汤

原料

核桃仁·······················35 克

枸杞·······················10 克

猪大肠·······················250 克

葱、姜、盐各适量

做法

❶ 将猪大肠洗净，切块，氽水。

❷ 将核桃仁、枸杞用温水洗干净，备用；葱、姜均洗净切丝。

❸ 净锅上火倒入油（原料外），将葱丝、姜丝爆香，放入猪大肠煸炒，倒入水，调入盐，烧沸后放入核桃仁、枸杞，以小火煲至熟即可。

汤品解说

　　核桃仁补脑健体，枸杞补气养血，二者与猪大肠配伍，有补脾固肾、润肠通便的功效。本品可改善因脾肾气虚所致的习惯性便秘。

白芍山药鸡汤

原料

莲子、山药·······················各50 克

鸡肉·······················40 克

白芍·······················10 克

枸杞、盐各适量

做法

❶ 山药去皮，洗净切块；莲子、白芍、枸杞均洗净，备用。

❷ 将鸡肉洗净切块，入开水中氽去血水。

❸ 锅中加入适量水，将山药、白芍、莲子、鸡肉放入，水沸腾后，转中火煮至鸡肉熟烂，加枸杞，调入盐即可。

汤品解说

　　莲子滋阴润燥，白芍补血养血、平抑肝阳。本品有补气健脾、敛阴止痛的功效，适合脾胃气虚型胃痛、消化性溃疡等老年患者食用。

佛手胡萝卜荸荠汤

原料

胡萝卜·····································100 克

佛手···································· 75 克

荸荠···································· 35 克

姜、盐、香油、植物油、胡椒粉各适量

做法

① 将胡萝卜、佛手、荸荠均洗净，切丝，备用；姜洗净切末。

② 净锅上火，倒入植物油，将姜末爆香，放入胡萝卜丝、佛手丝、荸荠丝煸炒，调入盐、胡椒粉烧沸，淋上香油即可。

汤品解说

　　佛手可理气和中、疏肝止咳，荸荠能开胃解毒、消宿食、健肠胃。本品具有理气活血、清热利湿的功效，适合脂肪肝患者食用。

薏米南瓜浓汤

原料

薏米····································· 35 克

南瓜·····································150 克

洋葱····································· 60 克

葛根粉···································· 20 克

盐适量

做法

① 薏米洗净，放入果汁机打成薏米泥；南瓜、洋葱洗净切丁，分别放入果汁机打成泥。

② 锅烧热，将葛根粉勾芡，把南瓜泥、洋葱泥、薏米泥倒入锅中煮滚，化成浓汤状后加盐调味即可。

汤品解说

　　南瓜、洋葱、葛根粉均具有降低血糖的功效，非常适合糖尿病患者食用。另外，本品兼具降血压的作用，适合老年高血压患者食用。

芥菜魔芋汤

原料

芥菜······························300 克
魔芋······························200 克
姜、盐各适量

做法

❶ 将芥菜去叶，择洗干净，切成大片；魔芋和姜均洗净，魔芋切片，姜切丝。
❷ 锅中加入适量清水，加入芥菜片、魔芋片及姜丝，用大火煮沸。
❸ 转中火煮至荠菜熟软，加盐调味即可。

汤品解说

　　芥菜中含有大量的胡萝卜素，可有效降低血管负担；魔芋能产生饱腹感。本品有降脂减肥的功效，适合高脂血症和肥胖症患者食用。

胖大海雪梨汁

原料

胖大海····························· 9 克
麦冬······························10 克
桔梗····························· 6 克
雪梨····························· 2 个
白糖适量

做法

❶ 将胖大海、麦冬、桔梗均洗净；雪梨洗净，切小块。
❷ 将胖大海、桔梗、麦冬、雪梨放入锅中，注入适量水，用大火蒸1小时。
❸ 最后加入白糖即可。

汤品解说

　　本品可滋阴清热、润肺止咳，适宜有阴虚干咳咯血、肺热咳嗽咳痰、咽喉干燥、口干喜饮、肠燥便秘、皮肤干燥瘙痒等症的老年人食用。

羌独排骨汤

原料

排骨·····························250 克
羌活、独活、川芎、细辛、茯苓、甘草、
枳壳·····························各5克
党参······························15 克
柴胡······························10 克
干姜、盐各适量

做法

❶ 将所有药材洗净，煎汁；干姜洗净切块。
❷ 将排骨斩块，入开水中汆烫，捞起冲净，放
入炖锅，加药汁和姜块，加水至没过材料，
以大火煮沸，转小火炖30分钟，加盐调味
即可。

汤品解说

　　羌活可解表散寒，川芎可活血行气，茯苓利
水渗湿。本品有祛湿散寒、理气止痛的功效，适
合肩周炎、风湿性关节炎、风湿夹痰者食用。

桑寄生连翘鸡爪汤

原料

桑寄生·····························30 克
连翘······························15 克
鸡爪·····························400 克
蜜枣······························2 颗
盐适量

做法

❶ 将桑寄生、连翘、蜜枣分别洗净。
❷ 将鸡爪洗净，去爪甲，斩块，放入开水中汆
烫去腥。
❸ 瓦煲内加入1600毫升清水，煮沸后加入桑
寄生、连翘、鸡爪块、蜜枣，以大火煲开
后，转小火煲2小时，加盐调味即可。

汤品解说

　　本品有补肝肾、清热毒的功效，能改善因
肝肾不足导致的腰膝酸痛、关节肿痛等症。

羌活川芎排骨汤

原料

羌活、独活、川芎、鸡血藤……………各10 克
党参、茯苓、枳壳……………………各8 克
排骨……………………………… 250 克
姜、盐各适量

做法

1. 将所有药材洗净，煎取药汁，去渣；姜洗净切片。
2. 排骨斩件，氽烫，捞起冲净，放入炖锅，加入熬好的药汁和姜片，再加水至没过材料，以大火煮沸。
3. 转小火炖30分钟，加盐调味即可。

汤品解说

　　羌活、独活均可祛风胜湿、散寒止痛，鸡血藤通经活络，党参益气强身。本品有行气活血的功效，适合风湿性关节炎患者食用。

决明苋菜鸡肝汤

原料

苋菜…………………………………… 250 克
鸡肝…………………………………… 300 克
决明子…………………………………15 克
盐适量

做法

1. 将苋菜剥取嫩叶和嫩梗，洗净，沥干。
2. 将鸡肝洗净，切片，氽去血水后捞起。
3. 将决明子装入棉布袋扎紧，放入煮锅中，加1 200毫升水熬成药汤，药袋捞起后丢弃。
4. 加入苋菜，煮沸后下鸡肝片，再煮沸后加盐调味即可。

汤品解说

　　决明子清肝明目，鸡肝护肝养血，苋菜清热泻火。三者同食，对降低眼压、缓解白内障不适有较好的食疗作用。

苍术瘦肉汤

原料

猪瘦肉······················· 300 克

苍术、枸杞、五味子················ 各10 克

盐、鸡精各适量

做法

❶ 猪瘦肉洗净，切块；苍术洗净，切片；枸杞、五味子分别洗净。

❷ 锅内烧水，待水沸时，放入猪瘦肉块去除血水。

❸ 将猪瘦肉块、苍术片、枸杞、五味子放入汤锅中，加入清水，大火烧沸后以小火炖2小时，调入盐和鸡精即可。

汤品解说

苍术有清肝明目、降低眼压的功效，与枸杞、五味子配伍，补肝肾、明目的效果更佳。本品对改善眼部不适有很好的食疗效果。

山药黄精炖鸡

原料

鸡肉·························· 1000 克

黄精··························· 30 克

山药···························100 克

盐适量

做法

❶ 将鸡肉洗净，切块，入开水中氽去血水；黄精、山药均洗净备用。

❷ 将鸡肉块、黄精、山药一起放入炖盅内，加水适量。

❸ 将炖盅入锅，隔水炖熟，下盐调味即可。

汤品解说

黄精具有滋阴益肾、健脾润肺的功效，山药可健脾补肾，鸡肉可益气补虚。本品可改善脾胃虚弱、便秘、消瘦、食欲缺乏、带下等症。

玄参萝卜清咽露

原料

萝卜·····························300 克
玄参·····························15克
蜂蜜·····························30 克
黄酒·····························20 毫升

做法

❶ 将萝卜洗净，切成薄片；玄参洗净，用15毫升黄酒浸润，备用。

❷ 在碗内放入2层萝卜，再放入1层玄参，淋上蜂蜜10克，黄酒5毫升。

❸ 如此放置四层，余下的蜂蜜加冷水20毫升，倒入碗中，以大火隔水蒸2小时即可。

汤品解说

　　本品可清热利嗓、滋阴生津。对患有慢性咽炎、咽喉干燥等症的老年人均有食疗效果。

毛丹银耳汤

原料

西瓜·····························20 克
红毛丹·····························60 克
银耳·····························50 克
冰糖适量

做法

❶ 银耳泡发，去除蒂头，撕小朵，放入开水中汆烫，捞起沥干；西瓜去皮，切小块；红毛丹去皮、去核。

❷ 将冰糖加适量水熬成汤汁，待凉。

❸ 最后将西瓜、红毛丹、银耳、冰糖水放入碗中，拌匀即可。

汤品解说

　　银耳可滋阴润燥、利咽润肺；西瓜可清热泻火；红毛丹营养丰富，富含碳水化合物、各种维生素和矿物质。本品适合咽炎患者食用。

苦瓜败酱草瘦肉汤

原料

猪瘦肉·····················400 克
苦瓜·······················200 克
败酱草·····················100 克
盐、鸡精各适量

做法

① 猪瘦肉洗净，切块，余去血水；苦瓜洗净，去瓤，切片；败酱草洗净，切段。

② 锅中注水，烧沸，放入猪瘦肉块、苦瓜片慢炖。

③ 1小时后放入败酱草再炖30分钟，加入盐和鸡精调味即可。

汤品解说

　　败酱草具有清热解毒、利湿止痒、消炎止带的功效，苦瓜可清热泻火。二者合用，可有效治疗湿热引起的皮肤瘙痒、阴道瘙痒等症。

薏米黄瓜汤

原料

薏米、土茯苓·················各50 克
黄瓜·······················1 条
陈皮·······················8 克
盐适量

做法

① 将所有药材清洗干净，备用；黄瓜去皮，切片备用。

② 将薏米、土茯苓、黄瓜、陈皮一起放入锅中，加1000毫升水，以大火煮沸后转小火煲约1小时，再加盐调味即可。

汤品解说

　　薏米可健脾和中、利湿解毒，土茯苓有解毒、除湿、杀菌的功效，陈皮能理气健脾。本品对治疗湿疹有较好的食疗辅助作用。

鲜荷双瓜汤

原料

新鲜荷叶 ·· 半张

西瓜、丝瓜 ·······························各200 克

薏米 ··· 30 克

盐适量

做法

❶ 将新鲜荷叶洗净，切块；将西瓜肉与瓜皮切开，西瓜肉切粒，西瓜皮用清水洗干净，切成块状。

❷ 丝瓜削去棱边，用清水洗干净，切成块状；薏米浸泡，洗净。

❸ 瓦煲内加清水和西瓜皮、薏米，用大火煲至水沸，转中火煲1小时，放入丝瓜煲至薏米软熟、丝瓜熟，捞出西瓜皮，放入新鲜荷叶和西瓜肉，稍开，以少许盐调味即可。

汤品解说

　　本品具有清热泻火、利尿通淋、解毒排脓的功效。适合患有前列腺炎的老年男性食用。

参果炖瘦肉

原料

猪瘦肉 ···································· 25 克

太子参 ····································100 克

无花果 ····································200 克

盐适量

做法

❶ 将太子参略洗；无花果洗净。

❷ 将猪瘦肉洗净，切片。

❸ 把以上全部原料放入炖盅内，加沸水适量，隔水炖约2小时，加盐调味即可。

汤品解说

　　此品具有益气养血、健胃理肠的功效，适合气虚体质的老年人食用。

雪梨猪腱汤

原料

新鲜猪腱 ·································· 500 克

雪梨 ······································· 1 个

无花果干果 ··························· 10 克

冰糖或盐各适量

做法

❶ 将猪腱洗净，切块；雪梨洗净后去皮，切成小块；无花果干果用清水洗净后浸泡。

❷ 把以上原料放入煲内，加入适量清水，以大火煮沸后，转小火煲2小时。

❸ 最后加适量盐调成咸汤，或加冰糖调成甜汤即可。

兔肉薏米煲

原料

兔腿肉 ·································· 200 克

薏米 ······································ 100 克

红枣 ······································ 20 克

葱、姜、盐、鸡精各适量

做法

❶ 将兔腿肉洗净剁块；薏米洗净；红枣洗净；葱、姜洗净切丝。

❷ 锅中注水，下兔腿肉汆水，冲净备用。

❸ 净锅上火倒入油（原料外），将葱丝、姜丝爆香，加水，调入盐、鸡精，放入兔腿肉、薏米、红枣，以小火煲至入味即可。

白扁豆鸡汤

原料

白扁豆 ·································· 100 克

鸡腿 ······································ 300 克

莲子 ······································ 20 克

砂仁 ······································· 5 克

盐适量

做法

❶ 将鸡腿切块，洗净；莲子洗净，去心；白扁豆洗净，沥干。

❷ 将1500毫升清水、鸡腿、莲子置入锅中，以大火煮沸，转小火继续煮45分钟，将白扁豆放入锅中煮至熟软。

❸ 再放入砂仁，搅拌溶化后，加盐调味即可。

苦瓜海带瘦肉汤

原料

苦瓜······················150 克
海带······················100 克
猪瘦肉·····················200 克
盐适量

做法

❶ 将苦瓜洗净，切成两半，去瓤，切块；猪瘦肉切块；海带浸泡1小时，洗净，切成丝。

❷ 把苦瓜块、猪瘦肉块、海带丝放入砂锅中，加适量清水，煲至瘦肉烂熟，加入盐调味即可。

汤品解说

　　苦瓜有清心泻火、排毒瘦身、降糖降压的功效；海带具有降血脂、降血糖、抗凝血、抗肿瘤、排铅解毒等多种功效。此汤能改善心烦易怒、失眠等症，适合患有糖尿病、高血压、肥胖症、甲状腺肿大等老年患者食用。

霸王花猪肺汤

原料

霸王花（干品）··············· 50 克
猪肺······················ 750 克
红枣······················· 3 颗
南、北杏仁················· 各10 克
姜、盐各适量

做法

❶ 霸王花浸泡1小时，洗净；红枣和南、北杏仁均洗净；姜洗净切片。

❷ 猪肺反复清洗干净，切块，汆水；热锅放入姜片，将猪肺块干爆5分钟。

❸ 瓦煲加水煮沸后加入盐以外的所有原料，大火煲沸，转小火煲3小时，加盐调味即可。

汤品解说

　　霸王花有滋阴清热的功效；猪肺可润肺止咳。二者搭配，更能滋阴润肺、清热润燥。

菊花土茯苓汤

原料
土茯苓······················30 克
野菊花······················15 克
冰糖适量

做法
❶ 将野菊花去杂洗净；土茯苓洗净，切成薄片备用。
❷ 砂锅内加适量水，放入土茯苓片，以大火烧沸后转小火煮10~15分钟。
❸ 加入冰糖、野菊花，继续煮3分钟，去渣后即可。

汤品解说
　　菊花、土茯苓均有清热解毒的功效。本品对患有湿疹的老年人有很好的疗效。

百合猪蹄汤

原料
百合······················100 克
猪蹄·······················1 只
葱、姜、盐、料酒各适量

做法
❶ 猪蹄去毛后洗净，斩成块；百合洗净；葱洗净切花；姜洗净切片。
❷ 将猪蹄块放入开水中汆去血水。
❸ 猪蹄块、百合加水适量，以大火煮1小时后，加入葱花、姜片、盐、料酒调味即可。

汤品解说
　　百合、猪蹄均有滋阴润燥的作用，百合能养心安神，猪蹄可补益心血。二者合用，能促进皮肤细胞新陈代谢，防衰抗老。

麦冬阳桃甜汤

原料

麦冬、天门冬·························· 各15 克
阳桃····································· 1 个
紫苏梅································ 20 克
紫苏梅汁··························· 100 毫升
盐、冰糖各适量

做法

❶ 麦冬、天门冬放入棉布袋封口；阳桃表皮以少量的盐搓洗，切除头尾，再切成片状。

❷ 将药袋、阳桃片、紫苏梅放入锅中，加入适量清水，以小火煮沸，加入冰糖搅拌溶化。

❸ 取出药袋，加入紫苏梅汁拌匀即可。

西红柿蘑菇排骨汤

原料

排骨·································· 600 克
鲜蘑菇、西红柿····················· 各120 克
料酒、盐各适量

做法

❶ 排骨洗净，剁块，加料酒、盐腌15分钟；鲜蘑菇洗净，切片；西红柿洗净，切片。

❷ 锅中加适量水，用大火烧沸后下排骨，去浮沫，加料酒，待沸后，转小火煮30分钟。

❸ 加入蘑菇片煮至排骨烂熟，下西红柿片，煮沸后加盐调味即可。

葛根西瓜汤

原料

葛根粉································ 10 克
西瓜·································· 250 克
苹果·································· 80 克
白糖·································· 50 克

做法

❶ 将西瓜、苹果洗净去皮，切小丁备用。

❷ 净锅上火倒入水，调入白糖烧沸。

❸ 加入西瓜、苹果，用葛根粉勾芡即可。

香蕉莲子汤

原料

香蕉·····················2 根
莲子·····················30 克
蜂蜜适量

做法

❶ 将莲子去心，洗净，泡发备用；香蕉去皮，切块备用。

❷ 先将莲子放入锅中，加水适量，煮至熟烂后，放入香蕉，稍煮片刻即可关火。

❸ 待汤稍微冷却后，放入蜂蜜搅拌即可。

汤品解说

　　莲子可养心安神，香蕉能润肠通便。此汤对由心火旺盛所致的失眠、便秘等症均有改善作用，适宜有此症状的老年人经常食用。

百合桂圆瘦肉汤

原料

百合·····················150 克
桂圆肉····················20 克
猪瘦肉····················200 克
红枣·····················5 颗
糖、盐各适量

做法

❶ 将百合剥成片状，洗净；桂圆肉洗净。

❷ 将猪瘦肉洗净，切片；红枣泡发。

❸ 锅中放入油（原料外）、清水、百合、桂圆肉、红枣，开锅后煮10分钟左右，放入猪瘦肉片，慢火滚至肉熟，加入糖、盐调味即可。

汤品解说

　　桂圆肉、红枣均可益心脾、补气血；百合、桂圆肉均有养心安神的作用。此汤对由贫血引起的心悸、失眠有良好的食疗效果。

党参豆芽尾骨汤

原料

党参·····························10 克
黄豆芽··························· 30 克
猪尾骨····························1 副
西红柿····························1 个
盐适量

做法

❶ 将猪尾骨切段，汆烫后捞出，再冲洗。

❷ 将黄豆芽、党参洗净；西红柿洗净，切块。

❸ 将猪尾骨、黄豆芽、西红柿和党参一起放入锅中，加适量水以大火煮开，转小火炖30分钟，加盐调味即可。

汤品解说

本品具有补气健脾、益肺润肠的功效。适宜有脾肺虚弱、胃中积热、气短心悸、食少便溏、虚喘咳嗽等症状的老年患者食用；此外，肥胖、便秘、痔疮患者也适宜食用。

笋参老鸭汤

原料

老鸭····························· 500 克
竹笋、党参····················各30 克
枸杞·····························15 克
盐、香油各适量

做法

❶ 老鸭洗净，汆水后捞出；竹笋洗净，切片；党参、枸杞均泡水，洗净。

❷ 老鸭、竹笋、党参加水，以大火炖开后，转小火炖2小时至肉熟。

❸ 撒入枸杞，加盐调味起锅，淋上香油即可。

汤品解说

老鸭补血行水、养胃生津，竹笋滋阴凉血、和中润肠。此汤有益气补虚、敛汗固表的作用，对气虚出汗、易感冒者有较好的食疗效果。

苦瓜甘蔗鸡骨汤

原料

甘蔗、苦瓜··············各200克
鸡胸骨····················1副
盐适量

做法

❶ 将鸡胸骨入开水中氽烫，捞起冲净；甘蔗洗净，去皮，切小段；苦瓜洗净，去瓤和白色薄膜，切块。

❷ 将鸡胸骨、甘蔗一起放入锅中，以大火煮沸后，转小火继续煮1小时，下苦瓜再煮30分钟，加盐调味即可。

雪梨银耳瘦肉汤

原料

雪梨、猪瘦肉··············各500克
银耳·····················20克
红枣·····················20克
盐适量

做法

❶ 雪梨去皮，洗净，切块；猪瘦肉洗净，氽水；银耳浸泡，去根蒂部，撕小朵，洗净；红枣洗净。

❷ 将适量清水放入瓦煲内，煮沸后加入以上全部原料，以大火煲开后，转小火煲2小时，加盐调味即可。

北杏党参老鸭汤

原料

老鸭·····················300克
北杏仁、党参··············各20克
盐、鸡精各适量

做法

❶ 老鸭处理干净，切块，氽水；北杏仁洗净，浸泡；党参洗净，切段，浸泡。

❷ 锅中放入老鸭块、北杏仁、党参，加入适量清水，以大火烧沸后转小火慢炖2小时。

❸ 调入盐和鸡精，稍炖，关火出锅即可。

双叶砂仁鲫鱼汤

原料

紫苏叶、砂仁···································· 各10 克

枸杞叶······································· 500 克

鲫鱼··1 条

橘皮、姜片、盐、香油各适量

做法

❶ 紫苏叶、枸杞叶洗净切段；鲫鱼处理干净；砂仁洗净，装入棉布袋中封口。

❷ 将紫苏叶、枸杞叶、鲫鱼、橘皮、姜片和药袋一同放入锅中，加水煮熟。

❸ 捞出药袋，加盐调味，淋上香油即可。

汤品解说

　　紫苏叶具有散寒解表、宣肺止咳、理气和中、安胎解毒的功效；砂仁可行气健胃、化湿止呕；鲫鱼补脾开胃、健脾利水。此汤有温中散寒、化湿止呕的功效，适合脾胃虚寒、厌食呕吐、便稀腹泻者食用。

牛奶银耳水果汤

原料

银耳····································100 克

猕猴桃·····································1 个

牛奶····································300 毫升

圣女果···································· 5 颗

做法

❶ 将银耳用清水泡软，去蒂，切成细丁。

❷ 将银耳加入牛奶中，以中小火边煮边搅拌，煮至熟软，熄火待凉装碗。

❸ 圣女果洗净，对切成两半；猕猴桃削皮切丁，一起放入碗中即可。

汤品解说

　　银耳可滋养心阴，猕猴桃可调中理气、生津润燥。此汤有清热生津、通利肠道的功效，可缓解肺燥咳嗽、皮肤干燥、肠燥便秘等症。

山药党参鹌鹑汤

原料

鹌鹑·····························1 只

党参、山药······················各20 克

枸杞、盐各适量

做法

❶ 鹌鹑去毛、内脏，洗净；党参、山药、枸杞均洗净，备用。

❷ 锅中注水烧开，下鹌鹑氽烫，捞出洗净。

❸ 炖盅注水，放入鹌鹑、党参、山药、枸杞，以大火烧沸后转小火煲3小时，加盐调味即可。

汤品解说

　　本品有益气养血、补肾固精的功效。适合由脾肾气虚引起的神疲乏力、食欲不振、面色无华、腰膝酸软、贫血、内脏下垂、慢性腹泻等老年患者食用。

当归羊肉汤

原料

当归····························· 25 克

羊肉····························· 500 克

姜、盐各适量

做法

❶ 将羊肉切块氽烫，捞起冲净；姜洗净，切段，微拍裂。

❷ 将当归洗净，切成薄片。

❸ 将羊肉块、当归片、姜盛入炖锅，加适量的水，以大火煮沸，转小火慢炖2小时，最后加盐调味即可。

汤品解说

　　当归能补血活血，促进血液循环；羊肉暖胃祛寒，能增加身体御寒能力。此汤适合阳虚怕冷、四肢冰凉、腰膝酸软的老年人食用。

枸杞叶菊花绿豆汤

原料

枸杞叶……………………………………100 克
菊花……………………………………15 克
绿豆…………………………………… 30 克
冰糖适量

做法

❶ 将绿豆洗净，用清水浸泡半小时；枸杞叶、菊花均洗净。

❷ 把绿豆放入锅内，加清水适量，以大火煮沸后，转小火煮至绿豆烂。

❸ 加入菊花、枸杞叶、冰糖，再煮5~10分钟即可。

汤品解说

　　菊花具有清疏风热、清肺润燥的功效，枸杞叶可清肝明目。此汤对肺热咳嗽、风热头痛、目赤肿痛等热性病疗效颇佳，适合老年人在干燥天气里食用。

绞股蓝墨鱼瘦肉汤

原料

绞股蓝…………………………………… 8 克
墨鱼……………………………………150 克
猪瘦肉…………………………………… 300 克
黑豆…………………………………… 20 克
盐、鸡精各适量

做法

❶ 猪瘦肉洗净，切块氽水；墨鱼洗净切段；黑豆洗净，用水浸泡；绞股蓝洗净，煎水备用。

❷ 锅中放入猪瘦肉、墨鱼、黑豆，加入适量清水，炖2小时。

❸ 再放入绞股蓝汁继续煮5分钟，再加入盐、鸡精调味即可。

汤品解说

　　本品有养血益气、滋阴补肾的功效。适宜由肾阴亏虚引起的头晕耳鸣、两目干涩昏花、须发早白、脱发等症的老年患者食用。

山楂菜花瘦肉汤

原料

菜花·····························200 克
土豆·····························150 克
猪瘦肉···························100 克
山楂、神曲、白芍·················各10 克
盐、黑胡椒粉各适量

做法

❶ 将山楂、神曲、白芍煎汁备用。
❷ 菜花掰成小朵；土豆切小块；猪瘦肉切小丁。
❸ 将菜花、土豆块和猪瘦肉丁放入锅中，倒入药汁煮至土豆变软，加盐、黑胡椒粉，再次煮沸后关火即可。

汤品解说

　　山楂可健胃消食，神曲可理气化湿，土豆和菜花能改善肠胃功能。此汤能减少胃肠负担，适合食欲不振、腹胀消化不良的患者食用。

生地绿豆猪大肠汤

原料

猪大肠···························100 克
绿豆·····························50 克
生地、陈皮························各3 克
姜、盐各适量

做法

❶ 猪大肠切段后洗净；绿豆洗净，浸泡10分钟；生地、陈皮、姜均洗净。
❷ 锅加水烧沸，放入猪大肠煮透，捞出。
❸ 将猪大肠、生地、绿豆、陈皮、姜放入炖盅，注入清水，以大火烧沸，转小火煲2小时，加盐调味即可。

汤品解说

　　生地有清热凉血、养阴生津的功效，绿豆、猪大肠均可清热解毒。此汤对阴虚火旺者有较好的食疗作用。

熟地山药乌鸡汤

原料

熟地、山药⋯⋯⋯⋯⋯⋯⋯⋯⋯⋯各15克
山茱萸、丹皮、茯苓、泽泻⋯⋯⋯⋯各10克
牛膝⋯⋯⋯⋯⋯⋯⋯⋯⋯⋯⋯⋯⋯ 8克
乌鸡腿⋯⋯⋯⋯⋯⋯⋯⋯⋯⋯⋯⋯1只
盐适量

做法

❶ 将乌鸡腿洗净，剁块，放入开水中汆烫去血水。

❷ 将乌鸡腿块及所有的药材放入煮锅中，加水至没过所有的材料。

❸ 以大火煮沸，转小火继续煮40分钟，加盐调味后即可。

汤品解说

　　七味药材配伍，具有滋阴补肾、温中健脾的功效。此汤对因肾阴亏虚引起的耳聋耳鸣、性欲减退等症状均有较好效果。

黄精牛筋煲莲子

原料

黄精⋯⋯⋯⋯⋯⋯⋯⋯⋯⋯⋯⋯10克
莲子⋯⋯⋯⋯⋯⋯⋯⋯⋯⋯⋯⋯15克
牛蹄筋⋯⋯⋯⋯⋯⋯⋯⋯⋯⋯ 500克
姜、盐各适量

做法

❶ 将莲子泡发；黄精洗净；姜洗净切片。

❷ 将牛蹄筋切块，入开水中汆烫。

❸ 煲中加入清水烧沸，放入牛蹄筋块、莲子、黄精、姜片煲2小时，加盐调味即可。

汤品解说

　　黄精可补肾养阴；牛蹄筋含有丰富的胶原蛋白，能增强细胞生理代谢；莲子可补肾涩精。三者合用，对老年人有很好的滋补作用。

杜仲炖牛肉

原料

杜仲·· 20 克
枸杞···15 克
牛肉·· 500 克
葱段、姜片、盐各适量

做法

❶ 将牛肉洗净，放入热水中稍烫一下，去掉血水，切块备用。
❷ 将杜仲和枸杞用水冲洗一下，然后和牛肉、姜片、葱段一起放入锅中，加适量水，用大火煮沸后，转小火将牛肉煮至熟烂。
❸ 起锅前拣去杜仲、姜片和葱段，最后加盐调味即可。

汤品解说

杜仲补肝肾、壮腰膝、强筋骨，与枸杞、牛肉搭配，能够降血压、聪耳明目，适用于高血压以及因肾虚引起的耳鸣耳聋、腰膝无力等症。

当归苁蓉炖羊肉

原料

当归、核桃仁、肉苁蓉、桂枝··········各15 克
羊肉······································· 250 克
山药··· 25 克
黑枣··· 20 克
姜、米酒、盐各适量

做法

❶ 将羊肉洗净切块，氽烫。
❷ 核桃仁、肉苁蓉、桂枝、当归、山药、黑枣洗净放入锅中，羊肉置于药材上方，再加入少量米酒以及适量水，水量没过材料。
❸ 用大火煮滚后，再转小火炖40分钟，最后加入姜片及盐调味即可。

汤品解说

核桃仁补肾温肺，肉苁蓉益肾固精，桂枝补元阳、通血脉。此汤有补肾的功效，适合肾虚的老年人食用。

甘草蛤蜊汤

原料

蛤蜊·······································500 克

陈皮、桔梗、甘草·······················各5 克

姜片、盐各适量

做法

❶ 蛤蜊以少许盐水泡至完全吐沙。

❷ 锅内加适量水，将陈皮、桔梗、甘草洗净后放入锅中，煮沸后转小火继续煮25分钟。

❸ 再放入蛤蜊，煮至蛤蜊张开，加入姜片及盐调味即可。

汤品解说

　　蛤蜊低热能、高蛋白、少脂肪，能防治老年慢性病，与陈皮、甘草搭配，有开宣肺气、滋阴润肺的功效，常食可增强体质，预防感冒。

香菜鱼片汤

原料

紫苏叶·····································10 克

香菜·······································50 克

鲫鱼······································100 克

砂仁··5 克

盐··5 克

姜、酱油各适量

做法

❶ 将香菜洗净，切段；紫苏叶洗净，切丝；姜洗净，切丝。

❷ 鲫鱼洗净切薄片，用2克盐、姜丝、紫苏叶丝、酱油拌匀，腌渍10分钟。

❸ 锅内放水煮沸，放入腌渍好的鱼片、砂仁，煮熟后加剩余的盐调味，撒上香菜段即可。

汤品解说

　　砂仁能够行气调味、和胃醒脾；紫苏叶与姜配伍，能化痰止咳。此汤具有发散风寒、温中暖胃的功效，可预防感冒。

牡蛎萝卜鸡蛋汤

原料

牡蛎肉·······················500 克

萝卜·························100 克

鸡蛋···························1 个

葱、盐各适量

做法

❶ 将牡蛎肉洗净，萝卜洗净切丝，鸡蛋打入盛器搅匀，葱洗净切碎。

❷ 汤锅上火倒入水，下入牡蛎肉、萝卜烧沸，调入盐，淋入鸡蛋液煮熟，撒上葱碎即可。

汤品解说

　　牡蛎能滋补强壮、宁心安神、延年益寿，与萝卜搭配，具有暖胃散寒、消食化积、补虚损的功效，此汤十分适合老年人冬季食用。

米豆煲猪肚

原料

米豆·························· 50 克

猪肚·························150 克

姜、盐各适量

做法

❶ 将猪肚洗净，切成条状。

❷ 将米豆洗净，泡发；姜洗净切丝。

❸ 锅中加油（原料外）烧热，下入肚条和姜丝稍炒后，注入适量清水，再加入米豆煲至开花，调入盐即可。

汤品解说

　　米豆、猪肚均有健脾和胃的功效。本品对脾胃虚弱以及癌症患者有一定的食疗作用。

当归三七炖鸡

原料

鸡肉·······················150 克
当归、三七···················各10 克
姜、盐各适量

做法

① 将当归、三七均洗净；鸡肉洗净，切块；姜洗净，切片。
② 将鸡块放入滚水中煮5分钟，取出过冷水。
③ 把做法①、②的原料放入煲内，加滚水适量，盖好，以小火炖2小时，加盐调味即可。

汤品解说

　　本品有活血祛瘀、祛风通络的作用。适合患有心绞痛、动脉硬化等病的老年人食用。

排骨桂枝板栗汤

原料

排骨·······················350 克
桂枝························20 克
板栗························20 克
玉竹·······················10 克
高汤·······················800 毫升
盐适量

做法

① 将排骨洗净，切块，汆水。
② 将桂枝洗净，备用。
③ 净锅上火倒入高汤，放入排骨、桂枝、板栗、玉竹，煲至熟，加盐调味即可。

汤品解说

　　桂枝能发汗解肌、温通经脉，板栗可健脾益气、补肾壮腰。此汤具有温经散寒、行气活血的功效，适合由气血运行不畅导致的颈椎病患者食用。

鹌鹑蛋鸡肝汤

原料

鸡肝、鹌鹑蛋······················各150 克
枸杞叶······························10 克
姜、盐各适量

做法

❶ 将鸡肝洗净，切成片；枸杞叶洗净。

❷ 鹌鹑蛋入锅煮熟后，剥去蛋壳；姜洗净，切片。

❸ 将鹌鹑蛋、鸡肝、枸杞叶、姜片一起加水煮5分钟，加盐调味即可。

枸杞炖甲鱼

原料

枸杞、桂枝······················各20 克
莪术、红枣······················各10 克
甲鱼·····························250 克
盐适量

做法

❶ 将甲鱼宰杀后冲洗干净。

❷ 将枸杞、桂枝、莪术、红枣均洗净。

❸ 将盐以外的所有原料一齐放入煲内，加开水适量，以小火炖2小时，再加盐调味即可。

天麻炖猪脑

原料

猪脑·····························300 克
天麻······························15 克
地龙、枸杞、红枣·················各10 克
葱、姜、高汤、盐、胡椒粉各适量

做法

❶ 猪脑洗净血丝；地龙、枸杞、红枣洗净待用；葱洗净切段；姜去皮切片。

❷ 锅中注水烧沸，放入猪脑焯烫，捞出沥水。

❸ 高汤放入碗中，加入所有原料，隔水炖2小时即可。

133

柴胡枸杞羊肉汤

原料

柴胡·······························15 克
枸杞·······························10 克
羊肉片、小白菜·····················各200 克
盐适量

做法

1. 将柴胡洗净，放进煮锅中加4碗水熬汤，熬至约剩3碗，去渣留汁。
2. 将小白菜洗净，切段。
3. 枸杞放入药汤中煮软，下羊肉片和小白菜。
4. 待肉片熟时，加盐调味即可食用。

汤品解说

　　柴胡可疏肝解郁、升阳举陷，枸杞能养肝明目，羊肉能温阳补气。三者合用，对老年人气虚以及阳虚怕冷有很好的改善作用。

菊花苦瓜瘦肉汤

原料

猪瘦肉块···························400 克
苦瓜·······························200 克
菊花·······························10 克
盐、鸡精各适量

做法

1. 苦瓜洗净，去籽、去瓤，切片；菊花洗净，用水浸泡。
2. 将猪瘦肉块放入开水中氽一下，捞出洗净。
3. 锅中注水烧沸，放入猪瘦肉块、苦瓜片、菊花，慢炖1.5小时后，加入盐和鸡精调味，出锅即可。

汤品解说

　　菊花具有疏风明目、清热解毒的功效，苦瓜能清肝泻火。本品可有效改善目赤肿痛、口干舌燥、小便黄赤、大便秘结等症。

车前枸杞叶猪肝汤

原料

车前子··················150 克
猪肝·······················1 副
枸杞叶··················100 克
姜片、盐、香油各适量

做法

❶ 车前子洗净，加800毫升水，煎至剩400毫升。

❷ 将猪肝、枸杞叶均洗净，猪肝切片，枸杞叶切段。

❸ 将猪肝片、枸杞叶放入车前子水中，加入姜片和盐，加热至熟，最后淋上香油即可。

汤品解说

　　车前子可清热利尿、明目，枸杞叶、猪肝均能养肝明目。三者合用，对老年人两眼昏花、两目干涩、目赤肿痛等症有改善效果。

山药白芍排骨汤

原料

白芍、蒺藜··············各10 克
新鲜山药··················300 克
排骨块·····················250 克
红枣、盐各适量

做法

❶ 将白芍、蒺藜装入棉布袋系紧；新鲜山药洗净，切块；红枣用清水泡软；排骨块冲洗后入开水中氽烫捞起。

❷ 将排骨块、山药、红枣和棉布袋放入锅中，加入适量清水，以大火烧沸后转小火炖40分钟，加盐调味即可。

汤品解说

　　白芍可补血滋阴、柔肝止痛，山药可益气健脾。二者合用，对肝脾不和、胸胁胀满、食欲不振的患者有较好的食疗作用。

四物鸡汤

原料

鸡腿·····································150 克

熟地······································ 25 克

当归·····································15 克

川芎······································ 5 克

炒白芍····································10 克

盐适量

做法

❶ 将鸡腿剁块，放入开水中氽烫，捞出冲净；将所有药材以清水快速冲净。

❷ 将鸡腿块和所有药材放入炖锅，加水大火煮沸，转小火炖40分钟，加盐调味即可。

汤品解说

　　熟地补血滋阴，当归补血活血，川芎祛风止痛，炒白芍柔肝止痛、敛阴止汗。四药合用为四物汤。本品能有效改善因贫血引起的头晕目眩、腰膝酸软、神疲乏力等症状。

姜片海参炖鸡汤

原料

海参····································· 3 只

鸡腿·····································1 只

姜、盐各适量

做法

❶ 将鸡腿氽烫，捞起，切块；姜洗净切片。

❷ 将海参自腹部切开，洗净腔肠，切大块，氽烫，捞起。

❸ 煮锅加适量的水煮沸，加入鸡腿块和姜片煮沸，转小火炖20分钟，加入海参炖5分钟，加盐调味即可。

汤品解说

　　海参是高蛋白、低脂肪、低胆固醇食物，能补肾固本，增强人体免疫力，常食能有效防治心脑血管疾病；海参还具有再生修复功能，适合大众食用。本品营养丰富，具有补肾益精、养血润燥、益气补虚的功效。

枸菊肝片汤

原料

枸杞······························10 克
菊花······························ 5 克
猪肝······························ 300 克
盐适量

做法

❶ 猪肝洗净，切片；煮锅加4碗水，放入枸杞以大火煮沸，转小火继续煮3分钟。

❷ 放入猪肝片和菊花，水再开后，加盐调味即可。

汤品解说

富含维生素B$_2$的猪肝，搭配含β-胡萝卜素的枸杞，能防止眼睛结膜角质化及水晶体老化。本品对老年人的视力有很好的保护作用。

土茯苓鳝鱼汤

原料

鳝鱼、蘑菇······················ 各100 克
当归······························ 8 克
土茯苓、赤芍······················ 各10 克
盐、米酒各适量

做法

❶ 将鳝鱼洗净，切段；蘑菇洗净，撕成小朵；当归、土茯苓、赤芍均洗净备用。

❷ 将当归、土茯苓、赤芍先放入锅中，以大火煮沸后转小火继续煮20分钟。

❸ 下鳝鱼段煮5分钟，下蘑菇再炖煮3分钟，加盐、米酒调味即可。

汤品解说

土茯苓、鳝鱼均有祛风除湿、通络除痹的功效，赤芍能清热凉血，当归可活血化瘀。本品有强精止血、利湿泄浊的作用。

猪肝炖五味子

原料

猪肝··················180 克
五味子···············15 克
红枣··················2 颗
姜、盐、鸡精各适量

做法

① 将猪肝洗净切片；五味子、红枣洗净；姜去皮，洗净切片。
② 锅中注水烧沸，入猪肝片汆去血沫。
③ 炖盅装水，放入猪肝片、五味子、红枣、姜片炖3小时，调入盐、鸡精即可。

汤品解说

　　五味子能滋肾温精、养心安神，与猪肝同食，有养血安神的作用。此汤对由心血亏虚引起的失眠多梦、头晕目眩等症有很好的疗效。

核桃仁当归瘦肉汤

原料

猪瘦肉················500 克
当归··················30 克
核桃仁················15 克
葱、姜、盐各适量

做法

① 猪瘦肉洗净，切块；核桃仁洗净；当归洗净，切片；姜洗净，去皮切片；葱洗净，切段。
② 将猪瘦肉块入水，汆去血水后捞出。
③ 将猪瘦肉块、核桃仁、当归片、姜片、葱段放入炖盅，加入清水，以大火慢炖1小时后，调入盐，转小火炖熟即可食用。

汤品解说

　　核桃仁具有补肾、益智、通便的功效，当归能补血活血、润肠通便。二者合用，对改善老年人由气虚、血虚引起的便秘有很好的效果。

肉桂茴香炖鹌鹑

原料

鹌鹑 ·· 3 只
肉桂、胡椒、杏仁、小茴香 ·············各10 克
盐适量

做法

❶ 鹌鹑去毛、内脏、脚爪，洗净；肉桂、小茴香、胡椒、杏仁均洗净备用。

❷ 鹌鹑放入煲中，加适量水，煮沸，再加入肉桂、杏仁以小火炖2小时。

❸ 最后加入小茴香、胡椒，焖煮10分钟，加盐调味即可。

麦枣桂圆汤

原料

浮小麦 ··· 25 克
红枣 ·· 5 颗
桂圆肉 ··· 10 克

做法

❶ 将红枣用温水稍浸泡；浮小麦洗净。

❷ 将浮小麦、红枣、桂圆肉同入锅中，加水煮汤即可。

灵芝红枣兔肉汤

原料

红枣 ·· 10 颗
灵芝 ·· 6 克
兔肉 ·· 250 克
盐适量

做法

❶ 将红枣浸软，去核洗净；灵芝洗净，浸泡，切小块；兔肉洗净，余水，切小块。

❷ 将以上原料放入砂煲内，加适量清水，大火煮沸后，转小火煲2小时，加盐调味即可。

党参枸杞红枣汤

原料

党参······················20 克
红枣、枸杞·················各12 克

做法

① 将党参洗净,切成段。
② 将红枣、枸杞放入清水中浸泡5分钟后,捞出备用。
③ 把所有原料放入砂锅中,冲入适量开水,煮15分钟即可。

汤品解说

　　党参具有益气养血、滋阴补肝肾的功效。本品可抑制细胞老化,有效防衰抗老,老年人常食有助于延年益寿。

黄芪炖生鱼

原料

生鱼·······················1 条
枸杞、黄芪·················各5 克
红枣······················10 颗
盐、胡椒粉各适量

做法

① 生鱼宰杀,去内脏,洗净,斩成两段;红枣、枸杞泡发;黄芪洗净。
② 锅中加油(原料外)烧至七成热,下鱼段稍炸后,捞出沥油。
③ 再将鱼段、枸杞、红枣、黄芪一起装入炖盅内,加适量清水炖30分钟,加入盐、胡椒粉调味即可。

汤品解说

　　本品对由脾胃虚弱引起的食欲不振、神疲乏力、内脏下垂等症均有疗效。

山药猪肚汤

原料

猪肚······500 克
山药······100 克
红枣······8 颗
盐适量

做法

1. 将猪肚用开水汆烫片刻，刮除黑色黏膜，洗净切块。
2. 将山药和红枣用清水洗净。
3. 将猪肚、山药和红枣放入砂煲内，加适量清水，以大火煮沸后转小火煲2小时，加入盐调味即可。

汤品解说

　　山药健脾益气，猪肚补虚损、健脾胃，红枣益气养血。本品对脾虚腹泻、食欲不振、面色萎黄等症均有较好的食疗效果。

羊排红枣山药滋补煲

原料

羊排······350 克
新鲜山药······200 克
红枣······5 颗
高汤······1000 毫升
姜片、盐各适量

做法

1. 将羊排洗净，切块，汆水；山药去皮，洗净，切块；红枣洗净，备用。
2. 净锅上火倒入高汤，以大火煮开，下入姜片、羊排块、山药块、红枣，以大火煲15分钟后转小火煲至羊肉熟烂，再加盐调味即可。

汤品解说

　　本品具有温胃散寒、益气补血的功效。适合脾胃虚寒的老年人食用，如胃脘冷痛者、便稀腹泻者、阳虚怕冷者、贫血患者等。

冬瓜鲫鱼汤

原料

玉竹、沙参、麦冬……………………………… 各10克

鲫鱼………………………………………………1条

冬瓜………………………………………………100克

葱、姜、盐、胡椒粉、香油各适量

做法

❶ 鲫鱼收拾干净；冬瓜去皮洗净，切片；玉竹、麦冬、沙参洗净；葱切丝，姜切片。

❷ 将葱丝、姜片下油锅炝香，下冬瓜翻炒。

❸ 锅中倒入水，下鲫鱼、玉竹、沙参、麦冬煮至熟，调入盐、胡椒粉，淋入香油即可。

杏仁菜胆猪肺汤

原料

菜胆………………………………………… 50 克

猪肺………………………………………… 750 克

杏仁………………………………………… 20 克

盐适量

做法

❶ 将杏仁洗净，浸泡，去皮、尖；菜胆洗净。

❷ 将猪肺注水挤压，直到血水去尽，切块氽烫；起油锅，将猪肺爆炒5分钟。

❸ 瓦煲内注入适量清水，煮沸后下入做法❶、❷中的原料，以大火煲开后，转小火煲3小时，加盐调味即可。

冬虫夏草炖乳鸽

原料

乳鸽………………………………………………1只

冬虫夏草………………………………………… 2 克

五花肉…………………………………………… 20 克

红枣……………………………………………… 20 克

姜、盐、鸡精各适量

做法

❶ 五花肉洗净，切成条；乳鸽洗净；红枣泡发；姜去皮，切片；冬虫夏草略冲洗。

❷ 将以上原料装入炖盅内加入适量清水，以中火炖1小时，最后加盐、鸡精调味即可。

桂圆花生汤

原料

桂圆……………………………………………10 颗
花生米…………………………………… 20 克
白糖适量

做法

❶ 将桂圆去壳，取肉备用。

❷ 将花生米洗净，浸泡20分钟。

❸ 锅中加水，一起放入桂圆肉与花生米，煮30分钟后，加白糖调味即可。

汤品解说

　　桂圆可补心脾、益气血、健脾胃、养肌肉，花生有益智补脑、润肠通便的功效。本品对老年人记忆力衰退、便秘、贫血均有食疗作用。

太子参瘦肉汤

原料

水发海底椰……………………………100 克
猪瘦肉………………………………… 75 克
太子参片……………………………… 5 克
高汤…………………………………800 毫升
姜片、白糖、盐各适量

做法

❶ 将水发海底椰洗净，切片；猪瘦肉洗净，切片；太子参片洗净，备用。

❷ 净锅上火倒入高汤，调入盐、白糖、姜片，下入水发海底椰片、肉片、太子参片烧开，撇去浮沫，煲至熟即可。

汤品解说

　　本品有益气健脾、生津润肺的功效。适合有脾气虚弱、食少倦怠、胃阴不足、气阴不足、病后虚弱、自汗口渴、肺噪干咳等症的老年人食用。

沙参豆腐冬瓜汤

原料

沙参、葛根……………………………… 各10 克

豆腐…………………………………… 250 克

冬瓜…………………………………… 200 克

油少量、盐适量

做法

❶ 将豆腐切小块；冬瓜去皮，切薄片；沙参、葛根均洗净备用。

❷ 锅中加水，放入豆腐、冬瓜、沙参、葛根一同煮。

❸ 煮沸后加少量油（原料外）、盐调味即可。

汤品解说

　　沙参可滋阴清热，葛根能解热消炎、抗菌免疫。本品有生津止渴的功效，可用于改善糖尿病患者口渴、汗少、尿多等症。

雪梨银耳百合汤

原料

百合…………………………………… 30 克

雪梨……………………………………1 个

银耳…………………………………… 40 克

枸杞、葱花、蜂蜜各适量

做法

❶ 将雪梨洗净，去核；百合、银耳洗净泡发。

❷ 锅内加入适量水，将雪梨、百合、银耳放入锅中煮至熟透。

❸ 调入蜂蜜搅拌，撒上枸杞、葱花即可。

汤品解说

　　雪梨和银耳均具有养阴清热、润肺生津的功效。本品可用于治疗由肺阴亏虚所致的干咳、咽喉干燥等症，也适合肺结核患者食用。

枸杞桂圆银耳汤

原料

银耳···50 克
枸杞···20 克
桂圆···10 克
姜、盐各适量

做法

❶ 将桂圆、枸杞洗净；姜切片。

❷ 将银耳泡发，洗净，煮5分钟，捞起沥水。

❸ 下油锅爆香姜片，银耳略炒后盛起；另起锅加适量水煲滚，放入桂圆、枸杞、银耳、姜片煲沸，以小火煲1小时后，下盐调味即可。

汤品解说

　　银耳滋阴润肺，枸杞补血养心，桂圆养心益气。本品对面色萎黄、两目干涩、口干咽燥等症均有较好的食疗效果。

猪肺雪梨银耳汤

原料

熟猪肺·····································200 克
木瓜·······································30 克
雪梨·······································15 克
水发银耳·································10 克
盐、白糖各适量

做法

❶ 将熟猪肺切方丁；木瓜、雪梨收拾干净，切方丁；水发银耳洗净，撕成小朵备用。

❷ 净锅上火倒入水，下熟猪肺丁、木瓜丁、雪梨丁、水发银耳煲至熟，调入白糖、盐搅匀即可。

汤品解说

　　猪肺可补肺润燥，木瓜、雪梨均有生津润肺、清热养阴的功效，银耳益气清肠、补气和血。本品能有效缓解口干咽燥等症状。

人参雪梨乌鸡汤

原料

乌鸡·····················300 克
雪梨·························1 个
人参························10 克
黑枣·····················20 克
盐适量

做法

❶ 雪梨洗净，切块去核；乌鸡洗净砍成小块；
黑枣洗净；人参洗净切大段。

❷ 锅中加水烧沸，下乌鸡块汆烫后捞出。

❸ 锅中加油（原料外）烧热，加入适量水和做
法❶、❷的原料，以大火炖30分钟后，加
盐调味即可。

蝉花熟地猪肝汤

原料

蝉花、熟地·················各10 克
猪肝························180 克
红枣·····················20 克
姜、盐、淀粉、胡椒、香油各适量

做法

❶ 蝉花、熟地、红枣洗净；猪肝洗净，切薄
片，加淀粉、胡椒、香油腌渍片刻；姜洗净
去皮，切片。

❷ 将蝉花、熟地、红枣、姜片放入瓦煲内，
注入适量清水，以大火煲沸后转中火煲2小
时，放入猪肝滚熟，加盐调味即可。

杜仲艾叶鸡蛋汤

原料

杜仲、艾叶·················各25 克
鸡蛋·························2 个
姜丝、盐各适量

做法

❶ 将杜仲、艾叶分别用清水洗净。

❷ 鸡蛋打入碗中，搅成蛋浆，再加入洗净的姜
丝，放入油锅内煎成蛋饼，切成块。

❸ 将做法❶、❷的材料放入煲内，加适量
水，以大火煲沸，改中火煲2小时，加盐调
味即可。

胡萝卜荸荠煲猪骨肉

原料

荸荠······································100 克
胡萝卜······································80 克
猪骨肉······································300 克
高汤······································800 毫升
姜、盐、味精、胡椒粉、料酒各适量

做法

❶ 胡萝卜洗净，切滚刀块；姜去皮，切片；猪骨肉斩件；荸荠洗净。

❷ 锅中注水烧沸，放入猪骨肉氽烫去血水，捞出沥干水分。

❸ 将高汤倒入煲中，加入做法❶、❷的材料煲1小时，调入盐、味精、胡椒粉和料酒即可。

汤品解说

　　荸荠清热解毒、凉血生津、利尿通便，胡萝卜可下气补中、调和肠胃。本品对痢疾、便秘等疾病有较好的食疗作用。

银杞鸡肝汤

原料

鸡肝······································200 克
银耳、百合······································各10 克
枸杞······································15 克
盐、鸡精各适量

做法

❶ 将鸡肝洗净，切块；银耳泡发洗净，摘成小朵；枸杞、百合洗净，浸泡。

❷ 锅中注入适量水，烧沸，放入鸡肝氽水，取出洗净。

❸ 将做法❶、❷的材料一起放入锅中，加入清水，以小火炖1小时，调入盐、鸡精即可。

汤品解说

　　本品具有滋补肝肾、养血明目的功效。适合青光眼、白内障、夜盲症，以及由肝肾不足导致的视物昏花等病症患者食用。

天麻川芎酸枣仁茶汤

原料

天麻 ································· 6 克

川芎 ································· 5 克

酸枣仁 ·····························10 克

做法

❶ 将天麻洗净，用淘米水泡软后切片。

❷ 将川芎、酸枣仁均洗净。

❸ 将川芎、酸枣仁、天麻片一起放入锅中，注入适量水，以小火煮10分钟即可。

汤品解说

　　本品具有行气活血、平肝潜阳的功效，适合高血压、高脂血症、动脉硬化症、脑梗死等老年患者食用。

螺肉煲西葫芦

原料

田螺肉···························· 200 克

西葫芦···························· 250 克

香附、丹参······················ 各10 克

高汤···························· 1000 毫升

盐适量

做法

❶ 将田螺肉用盐反复搓洗干净；西葫芦洗净，切块备用；香附、丹参洗净，煎取药汁，去渣备用。

❷ 净锅上火倒入高汤，放入西葫芦块、田螺肉，以大火煮沸，转小火煲至熟，倒入药汁，再煮沸后调入盐即可。

汤品解说

　　田螺肉有清热解毒、利尿消肿的功效，西葫芦可清热利水，丹参可凉血活血，香附可疏肝理气、化瘀散结。几者同食效果更佳。

儿童健康成长汤

汤的形态为液体，有利于营养物质的充分吸收，所以很适合正在生长发育阶段的孩子们食用。本章就针对儿童发育成长过程中遇到的问题，集中介绍一些适合儿童食用的汤品。但需要强调的是，不要将汤作为主食喂给婴幼儿，因为汤的体积大，营养密度低，长期作为主食会导致各种营养物质的供给不足。

山药鱼头汤

原料

鲢鱼头·······················400 克

山药·······················100 克

枸杞·························10 克

香菜、葱、姜、盐、鸡精各适量

做法

❶ 将鲢鱼头去鳃，洗净，剁成块；山药浸泡，洗净切块；枸杞洗净。

❷ 净锅上火倒入油（原料外）、葱、姜爆香，下入鱼头略煎加水，下入山药、枸杞煲至熟，调入盐、鸡精，撒上香菜即可。

汤品解说

　　山药有滋养强壮、助消化的功效，鲢鱼有健脾补气、温中暖胃的功效。本品能补脑益智、健脾益胃，适合生长发育期的儿童食用。

玉米胡萝卜脊骨汤

原料

猪脊骨·······················100 克

玉米·························50 克

胡萝卜·······················30 克

盐适量

做法

❶ 将猪脊骨洗净，剁成段；玉米、胡萝卜均洗净，切段。

❷ 净锅入水烧沸，滚尽猪脊骨的血水后捞出，清洗干净。

❸ 将猪脊骨、玉米、胡萝卜放入瓦煲，注入适量水，以大火烧沸，转小火煲炖1.5小时，加盐调味即可。

汤品解说

　　玉米能开胃、利胆、通便、利尿；胡萝卜富含胡萝卜素，可经消化分解成维生素A，能防止夜盲症，促进儿童生长。本品具有开胃益智的功效，适合生长发育期的儿童食用。

核桃排骨汤

原料

排骨 …………………………………… 200 克
核桃 ……………………………………100 克
何首乌、当归、熟地、桑寄生………各20 克
盐适量

做法

❶ 排骨洗净砍成大块，汆烫后捞起备用。
❷ 其他所有食材洗净备用。
❸ 将备好的材料加水以小火煲3小时，起锅前
   加盐调味即可。

汤品解说

　　核桃仁含有人体必需的钙、磷、铁等多
种微量元素和矿物质，以及胡萝卜素、维生
素B_2等多种维生素，对人体有益，可强健大
脑。本品有提神健脑、滋阴补血的功效，适合
儿童食用。

胡萝卜红枣猪肝汤

原料

猪肝 …………………………………… 200 克
胡萝卜 ………………………………… 300 克
红枣 ……………………………………10 克
油、料酒、盐各适量

做法

❶ 胡萝卜洗净，去皮切块，放油略炒后盛出；
   红枣洗净。
❷ 猪肝洗净切片，用盐、料酒腌渍，放油略炒
   后盛出。
❸ 把胡萝卜块、红枣放入锅内，加足量清水，
   大火煮沸后转小火煲至胡萝卜熟软，放猪肝
   片再煲沸，加盐调味即可。

汤品解说

　　胡萝卜能下气补中、安五脏、令人健食；红
枣能补中益气；猪肝有补肝明目、养血的功效。
本品能清肝明目、增强记忆力，适合儿童食用。

南瓜核桃猪肉汤

原料

南瓜 ···································· 200 克
猪肉 ···································· 150 克
核桃仁 ·································· 10 克
红枣 ····································· 10 克
高汤 ······························· 1000 毫升
盐、鸡精各适量

做法

❶ 南瓜洗净，去皮，切成方块；猪肉洗净，切块；红枣、核桃仁洗净，备用。
❷ 锅中注水烧开后加入猪肉块，氽去血水后捞出，备用。
❸ 另起砂煲，将南瓜块、猪肉块、核桃仁、红枣放入煲内，注入高汤，以小火煲煮1.5小时后，调入盐、鸡精调味即可。

汤品解说

　　本品有和胃消食的功效，适合有食积腹胀、食欲不振、便秘等症的儿童食用。

木瓜银耳猪骨汤

原料

木瓜 ···································· 100 克
银耳 ····································· 10 克
猪骨 ···································· 150 克
盐、香油各适量

做法

❶ 木瓜去皮，洗净切块；银耳洗净，泡发撕片；猪骨洗净，斩块。
❷ 热锅入水烧沸，下猪骨块氽烫，捞出洗净。
❸ 将猪骨块、木瓜块放入瓦煲，注入水，以大火烧沸后下银耳，转小火炖煮2小时，加盐、香油调味即可。

汤品解说

　　木瓜有祛风除湿、通经络的功效；猪骨可补钙壮骨；银耳益气清肠，能增强抵抗力。三者同食，能为孩子提供丰富的营养。

杏仁牛奶核桃饮

原料

杏仁·····························9 克
核桃仁·························20 克
牛奶·························200 毫升
蜂蜜适量

做法

1. 将杏仁、核桃仁放入清水中洗净,与牛奶一起放入炖锅中。
2. 加适量清水后将炖锅置于火上烧沸,再用小火煎煮20分钟,关火。
3. 待牛奶稍凉后,放入蜂蜜搅拌均匀即可。

天麻鱼头汤

原料

鱼头······························1 个
天麻····························15 克
茯苓·····························2 片
枸杞····························10 克
姜片、葱段、米酒、盐各适量

做法

1. 将鱼头用开水汆烫,捞起备用;将天麻、茯苓洗净,入锅,加5碗水,熬至剩3碗。
2. 将鱼头和姜片放入煎好的药汁中,待鱼头煮至将熟,放入枸杞、米酒稍煮片刻,放入葱段,加盐调味即可。

枸杞红枣鹌鹑汤

原料

枸杞····························30 克
红枣······························5 颗
鹌鹑······························2 只
盐适量

做法

1. 将枸杞洗净;红枣浸软,洗净去核。
2. 将鹌鹑宰杀,去毛及内脏,斩件,汆水。
3. 将做法❶、❷的材料放入炖盅内,加适量清水,隔水以小火炖2小时,加盐调味即可。

菠萝银耳红枣甜汤

原料

菠萝·····································125 克
水发银耳································ 20 克
红枣·· 8 颗
白糖适量

做法

1. 菠萝去皮，洗净，切块；水发银耳洗净，摘成小朵；红枣洗净，备用。
2. 汤锅上火倒入水，下入菠萝块、水发银耳、红枣煲至熟，调入白糖搅匀即可食用。

龟板杜仲猪尾汤

原料

龟板······························ 25 克
炒杜仲····························· 5 克
猪尾···························· 600 克
盐适量

做法

1. 将猪尾剁段洗净，氽烫捞起，再冲净。
2. 将龟板、炒杜仲均洗净。
3. 将做法1、2的材料盛入炖锅，加适量清水以大火煮沸，转小火炖40分钟，加盐调味即可。

生地乌鸡汤

原料

生地、丹皮······················· 各15 克
午餐肉·····························100 克
乌鸡································· 1 只
红枣·······························10 克
骨头汤·························· 1000 毫升
姜片、盐、味精、料酒各适量

做法

1. 将生地、丹皮、红枣洗净；午餐肉切块。
2. 乌鸡洗净，切块，氽去血水，捞出洗净。
3. 将骨头汤倒入净锅中，放入乌鸡块、午餐肉块、生地、丹皮、红枣、姜片，待鸡肉煮熟后加入盐、料酒、味精调味即可。

陈皮暖胃肉骨汤

原料

排骨······················200 克
绿豆······················50 克
陈皮······················10 克
鸡汤······················800 毫升
姜、盐、胡椒粉各适量

做法

❶ 将排骨洗净，切块，氽水；绿豆洗净，用温水浸泡；陈皮洗净，切丝；姜洗净，切片。

❷ 锅置火上，倒入鸡汤，放入排骨、绿豆、陈皮和姜片，以大火煮开，转小火继续炖2小时，加盐、胡椒粉调味即可。

汤品解说

　　本品可理气健脾、开胃消食。对儿童出现的食欲不振、食积腹胀、消化不良等症状有很好的食疗效果，能有效促进儿童的发育成长。

莲藕菱角排骨汤

原料

菱角、莲藕······················各300 克
胡萝卜······················50 克
排骨······················400 克
盐、白醋各适量

做法

❶ 排骨斩块，氽烫，捞起洗净；莲藕削皮，洗净切片；胡萝卜洗净，切块。

❷ 将菱角氽烫，捞起，剥净外表皮膜。

❸ 将排骨块、莲藕片、菱角、胡萝卜块放入锅内，加水至盖过材料，加入白醋，以大火煮沸，转小火炖40分钟，加盐调味即可。

汤品解说

　　莲藕清热消痰，排骨健骨补钙。常食本品可补充儿童所必需的骨胶原等物质，增强骨髓造血功能，强健骨骼。

参麦五味乌鸡汤

原料

人参片·······························15 克
麦冬、五味子·····················各20 克
乌鸡腿·································1 只
盐适量

做法

① 将乌鸡腿洗净剁块，入开水汆去血水备用；所有药材洗净。
② 将乌鸡腿块及所有药材放入煮锅中，加适量水至盖过所有的材料。
③ 以大火煮沸，然后转小火继续煮30分钟，快熟前加盐调味即可。

汤品解说

　　人参可补五脏、开心益智；麦冬可养阴生津、润肺清心；五味子有滋补强壮之功效；乌鸡营养丰富。本品有健脾益肺的功效，对儿童生长发育有很好的效果。

牛奶炖花生

原料

花生米·······························100 克
枸杞、银耳·························各20 克
牛奶·································1500 毫升
冰糖适量

做法

① 将银耳、枸杞、花生米均洗净。
② 锅上火，倒入牛奶，加入银耳、枸杞、花生米，煮至花生米烂熟，调入冰糖至溶化即可。

汤品解说

　　花生米含有蛋白质、多种维生素等营养成分，有益智的功效；牛奶含有丰富的矿物质，是人体钙的最佳来源。本品有生津润肠、健脑益智的功效。

四季当令养生汤

中医传统经典《黄帝内经》指出："四时阴阳者，万物之根本也，所以圣人春夏养阳，秋冬养阴，以从其根。"由此可见，顺应四时的养生观念早在几千年前就为善养生者所推崇了。

本章集中介绍的几十种汤品，各有其不同的保健功效，与天时四季均有一定关系，希望读者能从中有所收获。

党参枸杞猪肝汤

原料

党参、枸杞…………………………各15克
猪肝………………………………200克
盐、葱花、各适量

做法

❶ 将猪肝洗净切片，余水后备用；将党参、枸杞用温水洗净后备用。

❷ 净锅上火倒入水，将猪肝片、党参、枸杞一同放入锅中煲至熟，加盐，撒上葱花即可。

红枣核桃乌鸡汤

原料

核桃仁……………………………20克
乌鸡………………………………250克
红枣………………………………20克
姜、盐各适量

做法

❶ 将乌鸡洗净，斩块余水；红枣、核桃仁洗净；姜洗净切片。

❷ 净锅上火倒入水，调入盐、姜片，下入乌鸡块、红枣、核桃仁，煲至乌鸡熟烂即可。

阿胶黄芪红枣汤

原料

阿胶………………………………10克
黄芪、红枣…………………………各18克
盐适量

做法

❶ 将黄芪、红枣分别洗净，备用；将阿胶洗净，切成小块。

❷ 锅内注入适量清水，以大火煮沸后，放入黄芪、红枣，以小火煮1分钟，再放入阿胶，煮至阿胶熔化后，加盐调味即可。

丝瓜猪肝汤

原料

丝瓜·················· 250 克
熟猪肝················· 75 克
枸杞、高汤、盐各适量

做法

❶ 将丝瓜去皮，洗净切片；熟猪肝切片备用。

❷ 净锅上火倒入高汤，下入熟猪肝片、丝瓜片煲至熟，调入盐，撒上枸杞即可。

苍术蔬菜汤

原料

鱼腥草、苍术、绿豆芽 ··············· 各10 克
萝卜、西红柿、玉米笋 ··············各200 克
盐适量

做法

❶ 将鱼腥草、苍术洗净后与800毫升清水一起置入锅中，以小火煮沸，滤取药汁备用。

❷ 萝卜去皮洗净，刨丝；西红柿去蒂洗净，切片；玉米笋洗净切片；绿豆芽洗净。

❸ 将药汁放入锅中，加入全部蔬菜煮熟，放入盐调味即可。

草果草鱼汤

原料

草果、桂圆·············各50 克
草鱼··················· 300 克
高汤················· 1000 毫升
葱、姜、盐、味精、胡椒粉各适量

做法

❶ 将草鱼洗净切块；将草果洗净，去皮、核，切块；桂圆洗净备用；葱、姜洗净切末。

❷ 净锅上火倒入油（原料外），将葱末、姜末爆香，下入草鱼微煎，倒入高汤、盐、味精、胡椒粉。

❸ 煮沸后下入草果块、桂圆煲至熟即可。

西洋参瘦肉汤

原料

海底椰·····································150 克

西洋参、川贝母 ························ 各10 克

猪瘦肉·····································400 克

蜜枣···2 颗

盐适量

做法

❶ 将海底椰、西洋参、川贝母洗净；将猪瘦肉洗净切块，汆水。

❷ 将海底椰、西洋参、川贝母、猪瘦肉块、蜜枣放入煲内，注入开水700毫升，加盖煲4小时，加盐调味即可。

汤品解说

　　海底椰有滋阴润肺、除燥清热的功效，川贝可润喉止咳，西洋参可补气养阴、清热生津。本品能清热化痰、滋阴补虚，提高免疫力，适合在春季食用。

玉竹沙参焖老鸭

原料

玉竹、沙参·························· 各50 克

老鸭·····································1 只

葱、姜、盐各适量

做法

❶ 将老鸭洗净斩件，姜去皮切片，葱切花。

❷ 砂锅内加水适量，放入老鸭、沙参、玉竹、姜片，用大火烧沸。

❸ 再转小火煮1小时至熟烂，加入葱花、盐调味即可。

汤品解说

　　玉竹能养阴润燥、除烦止渴，沙参可润肺养阴、健脾和胃。二者与鸭肉同食，具有滋阴润肺、养阴生津、凉血补虚等功效。

柴胡秋梨汤

原料

柴胡 ································· 20 克
秋梨 ································· 1 个
红糖适量

做法

❶ 将柴胡、秋梨分别洗净，并将秋梨切成块，备用。

❷ 将柴胡、秋梨块放入锅内，加入适量的清水，先用大火煮沸，再转小火煎15分钟。

❸ 滤渣，加红糖调味即可食用。

汤品解说

　　柴胡有和解表里、疏肝升阳的功效，秋梨可降低血压、养阴清热。本品有发散风热、滋阴润燥的作用，适宜风热型流感患者改善症状。

马齿苋杏仁瘦肉汤

原料

鲜马齿苋 ····················· 100 克
杏仁 ···························· 50 克
板蓝根 ························· 10 克
猪瘦肉 ························· 150 克
盐适量

做法

❶ 鲜马齿苋摘嫩枝洗净；猪瘦肉洗净，切块；杏仁、板蓝根洗净。

❷ 将马齿苋、杏仁、板蓝根、猪瘦肉块放入锅内，加适量清水。

❸ 以大火煮沸后，转小火煲2小时，将板蓝根取出丢弃，加盐调味即可食用。

汤品解说

　　本品可清热解毒、抗炎抑菌，适宜易发于春季的流感、急性结膜炎等患者食用。

菖蒲猪心汤

原料

菖蒲·······································8 克
丹参、远志·······························各10 克
当归··5 片
红枣··6 颗
猪心··1 个
葱花、盐各适量

做法

❶ 猪心洗净，去除血水，煮熟，捞出切片。
❷ 将所有药材和红枣置入锅中加水熬煮成汤。
❸ 放入猪心煮沸，加盐、葱花调味即可。

灵芝黄芪猪蹄汤

原料

灵芝·······································8 克
黄芪、天麻·······························各15 克
猪蹄·····································300 克
盐适量

做法

❶ 将天麻、灵芝、黄芪均洗净备用。
❷ 将猪蹄洗净切块，用开水汆烫，去血水。
❸ 将所有药材置于锅中煮汤，待沸，下猪蹄入
锅中熬煮，再下盐调味即可。

桑枝鸡汤

原料

桑枝······································60 克
薏米······································10 克
羌活·······································8 克
老母鸡·····································1 只
盐适量

做法

❶ 将桑枝洗净，切成小段；薏米、羌活洗净；
鸡宰杀，洗净，斩件。
❷ 桑枝段、薏米、羌活与鸡肉共煮至烂熟汤
浓，加盐调味即可。

花椒羊肉汤

原料

花椒·····································3 克
当归·····································20 克
姜块·····································15 克
羊肉·····································500 克
盐、味精、胡椒各适量

做法

❶ 将羊肉洗净切块；将花椒、姜块、当归洗净。
❷ 将以上原料一起置入砂锅中。
❸ 加水煮沸，再用小火炖1小时，用味精、盐、胡椒调味即可。

当归山楂汤

原料

当归、山楂·····························各15 克
红枣·····································10 克

做法

❶ 将红枣泡发，洗净；山楂、当归洗净。
❷ 将红枣、当归、山楂一起放入砂锅中。
❸ 在砂锅内加适量清水煮沸，转小火煮1小时即可。

辛夷花鹧鸪汤

原料

辛夷花·····································25 克
蜜枣·····································3 颗
鹧鸪·····································1 只
盐适量

做法

❶ 将辛夷花、蜜枣洗净。
❷ 将鹧鸪宰杀，去毛和内脏，洗净，斩件汆水。
❸ 将辛夷花、蜜枣、鹧鸪放入炖盅内，加适量清水，以大火煮沸后转小火煲2小时，加盐调味即可。

苦瓜炖蛤蜊

原料

苦瓜、蛤蜊……………………………各300克

姜、蒜、盐、味精各适量

做法

❶ 苦瓜洗净，剖开去籽，切成长条；姜、蒜洗净切片。

❷ 锅中加水烧沸，下入蛤蜊煮至开壳后捞出，冲水洗净。

❸ 将蛤蜊、苦瓜条一同放入锅中，加适量清水，以大火炖30分钟至熟后，加入姜片、蒜片、盐、味精调味即可。

蛋花西红柿紫菜汤

原料

百合……………………………………15克

紫菜……………………………………100克

西红柿、鸡蛋……………………………各50克

盐适量

做法

❶ 紫菜泡发，洗净；百合洗净；西红柿洗净，切块；鸡蛋打散。

❷ 锅置于火上，注水烧至沸时，加入油（原料外），放入紫菜、百合、西红柿块，倒入鸡蛋液，再煮至沸时，加盐调味即可。

乌梅银耳鲤鱼汤

原料

银耳……………………………………100克

鲤鱼……………………………………300克

乌梅……………………………………10克

姜片、盐各适量

做法

❶ 鲤鱼洗净；银耳泡发洗净，撕小朵。

❷ 锅置火上放入油（原料外），下鲤鱼、姜片，将鱼煎至金黄。

❸ 将鲤鱼、银耳、乌梅和适量水一起放入炖锅中，以中火炖1小时，待汤色转为奶色时，加盐调味即可。

人参糯米鸡汤

原料

人参⋯⋯⋯⋯⋯⋯⋯⋯⋯⋯⋯⋯⋯⋯ 8 克

红枣、糯米⋯⋯⋯⋯⋯⋯⋯⋯⋯⋯⋯各20 克

鸡腿⋯⋯⋯⋯⋯⋯⋯⋯⋯⋯⋯⋯⋯⋯⋯1 只

盐适量

做法

❶ 糯米淘洗干净，用清水泡1小时，沥干；人参洗净，切片；红枣洗净；鸡腿剁块，洗净，汆烫后捞起，再冲净。

❷ 将糯米、鸡块和人参片、红枣一起盛入炖锅，加适量水，以大火煮沸后转小火炖至肉熟米烂，加盐调味即可。

汤品解说

　　人参为强壮滋补药，有补气固脱、生津安神、益智的功效；糯米具有补中益气、健脾养胃、止虚汗的功效。本品具有补气养血、敛汗固表、安神助眠的功效。

半夏薏米汤

原料

半夏、百合⋯⋯⋯⋯⋯⋯⋯⋯⋯⋯⋯各15 克

薏米⋯⋯⋯⋯⋯⋯⋯⋯⋯⋯⋯⋯⋯100 克

盐、冰糖各适量

做法

❶ 将半夏、薏米、百合洗净，备用。

❷ 锅中加水烧沸，倒入薏米煮至沸腾，再倒入半夏、百合煮至熟，最后加入盐、冰糖，拌匀即可。

汤品解说

　　半夏具有燥湿化痰、降逆止呕的作用；薏米具有利水、健脾、除痹、清热排脓的功效。本品具有健脾化湿、滋阴润肺、止咳化痰的功效，适合春季食用。

藿香鲫鱼汤

原料

藿香·····························15 克

鲫鱼·····························1 条

盐适量

做法

❶ 将鲫鱼宰杀剖开，洗净；藿香洗净。

❷ 将鲫鱼和藿香放入碗中，加入盐调味，再放入锅内清蒸至熟即可。

汤品解说

　　藿香有和中止呕、发表解暑的作用。本品能消热祛暑、利水渗湿，对受暑湿邪气而导致的头痛、恶心呕吐、口腔酸臭等症有食疗作用。

莲藕绿豆汤

原料

杏仁····························· 30 克

莲藕·····························150 克

绿豆····························· 35 克

盐适量

做法

❶ 将莲藕洗净去皮，切块；绿豆淘洗干净，备用；杏仁洗净，备用。

❷ 净锅上火倒入水，下入莲藕块、绿豆、杏仁煲至熟，最后调入盐搅匀即可。

汤品解说

　　杏仁止咳平喘、润肠通便，绿豆能清凉解毒、利尿明目。本品有清热消暑、滋阴凉血的功效，夏季多食可预防中暑。

补骨脂芡实鸭汤

原料

补骨脂……………………………………15 克
芡实…………………………………… 50 克
鸭肉………………………………… 300 克
盐适量

做法

❶ 将鸭肉洗净切块，放入开水中汆去血水，捞出备用。

❷ 将芡实、补骨脂分别洗净，与鸭肉一起盛入锅中，加入适量清水。

❸ 用大火将汤煮沸，再转小火炖30分钟，快煮熟时加盐调味即可。

汤品解说

　　补骨脂可补肾壮阳、固精缩尿，芡实能固肾涩精、补脾止泄。二者与鸭肉同食，有补肾健脾、涩肠止泻的功效。本品适宜夏季易发腹泻者食用。

芡实山药猪肚汤

原料

芡实、山药……………………………各50 克
猪肚………………………………… 1000 克
蒜、姜、盐各适量

做法

❶ 将猪肚去脂膜，洗净，切块。

❷ 将芡实洗净，备用；山药去皮，洗净切片；蒜去皮洗净；姜洗净切片。

❸ 将做法❶、❷的材料放入锅内，加水煮2小时，至蒜煮烂、猪肚熟，加盐调味即可。

汤品解说

　　芡实开胃助气、止渴益肾，山药食药两用。本品能健脾止泻、涩肠抗菌，对因饮食不洁引起的细菌性腹泻、大便异常等症有食疗作用，适宜夏季易发腹泻者食用。

芡实莲子薏米汤

原料

芡实、薏米、干品莲子 ·················· 各100 克
茯苓、山药 ······························ 各40 克
猪小肠 ································· 500 克
盐、米酒各适量

做法

❶ 将猪小肠洗净，汆烫，捞出剪段。
❷ 将芡实、薏米、莲子、茯苓、山药洗净，与猪小肠段一起入锅，加水至没过所有材料。
❸ 用大火煮沸，再用小火炖煮约30分钟，快熟时加入盐调味，淋上米酒即可。

汤品解说

　　本品具有养心益肾、补脾止泻的功效。适宜夏季易发腹泻的患者食用。

白及煮鲤鱼

原料

白及 ································· 15 克
鲜马齿苋 ···························· 100 克
鲤鱼 ································· 1 条
蒜、盐各适量

做法

❶ 将鲤鱼去鳞、鳃及内脏，洗净切成段；蒜去皮洗净，切片；鲜马齿苋洗净，备用。
❷ 将鲤鱼与蒜片、白及、鲜马齿苋一同煮汤，鱼肉熟后加盐即可。

汤品解说

　　本品能解毒消肿、排脓止血，对细菌性痢疾引起的各种症状有食疗作用。适宜夏季食用。

灵芝猪心汤

原料

灵芝 ································· 20 克
猪心 ································· 1 个
姜、盐、香油各适量

做法

❶ 将猪心剖开，洗净，切片，灵芝去柄，洗净切碎，二者一起放入瓷碗中；姜洗净切片。
❷ 瓷碗内加入姜片、盐和300毫升清水。
❸ 将瓷碗放入锅内盖好，隔水蒸至猪心熟烂，淋入香油即可。

汤品解说

　　灵芝能补血益气、养心安神，与猪心配伍，有益气养心、健脾安神的功效。本品对夏季天气炎热引起的心律失常、气短乏力、心悸等症有较好的食疗作用。

青橄榄炖水鸭

原料

水鸭 ································· 1 只
猪肉 ································· 250 克
金华火腿 ···························· 30 克
青橄榄 ······························ 20 克
花雕酒 ······························ 10 毫升
姜块、盐、鸡精、味精、浓缩鸡汁各适量

做法

❶ 将水鸭洗净，在背部开刀；将猪肉和金华火腿洗净后切成粒状。
❷ 将猪肉粒、水鸭氽水去血污，捞出洗净后加入金华火腿、青橄榄、姜块、花雕酒，装入炖盅内炖4小时。
❸ 将炖好的汤加入剩余原料调味即可。

汤品解说

　　本品具有清热利咽、生津止渴、润肺止咳的功效。适合秋季食用。

莲子百合汤

原料

百合、莲子·······················各50 克
黑豆····································300 克
冰糖、鲜椰汁各适量

做法

❶ 莲子洗净浸泡至软，再煲煮15分钟，倒出冲洗；百合浸泡至软，洗净；黑豆洗净，用开水浸泡1小时以上，倒出冲洗，备用。

❷ 水烧沸，放入黑豆，用大火煲半小时，再放入莲子、百合，转小火煲1.5小时，加冰糖，待溶化后放入鲜椰汁即可。

蜜橘银耳汤

原料

银耳······························· 20 克
蜜橘·······························200 克
白糖、水淀粉各适量

做法

❶ 将银耳泡发后洗净放入碗内，上笼蒸1小时后取出。

❷ 蜜橘剥皮去筋，只取净蜜橘肉；将汤锅置于旺火上，加入适量清水，将蒸好的银耳放入汤锅内，再放入蜜橘肉、白糖煮沸。

❸ 用水淀粉勾芡，待汤再沸时即可。

莲子牡蛎鸭汤

原料

蒺藜子······························· 5 克
芡实·······························10 克
莲须······························· 5 克
鸭肉·······························200 克
牡蛎、鲜莲子·······················各20 克
盐适量

做法

❶ 将蒺藜子、莲须、牡蛎洗净放入棉布袋中，扎紧袋口。

❷ 将鸭肉氽烫，捞出；鲜莲子、芡实冲净。

❸ 将鸭肉、鲜莲子、芡实及棉布袋放入锅中，加适量水以大火煮沸，转小火炖至鸭肉熟烂，取出棉布袋丢弃，加盐调味即可。

猪肚银耳西洋参汤

原料

西洋参·······················25 克
乌梅··························3 颗
猪肚·························250 克
银耳·························100 克
盐适量

做法

❶ 银耳以冷水泡发，去蒂；乌梅、西洋参洗净，备用。
❷ 将猪肚刷洗干净，氽水，切片。
❸ 将猪肚片、银耳、西洋参、乌梅加适量水以小火煲2小时，再加盐调味即可。

汤品解说

　　西洋参有益肺阴、清虚火、生津止渴的功效，银耳益气清肠、滋阴润肺。本品补气养阴、清火生津，是秋季的养生佳品。

天冬参鲍汤

原料

天冬、太子参···············各50 克
鲍鱼·························100 克
猪瘦肉·······················250 克
桂圆·························20 克
盐、味精各适量

做法

❶ 将鲍鱼氽烫，洗净；猪瘦肉洗净，切块。
❷ 将天冬、太子参、桂圆均洗净。
❸ 把天冬、太子参、桂圆、鲍鱼、猪瘦肉块放入炖盅内，加开水适量，盖好，隔水以小火炖3小时，最后放入盐、味精调味即可。

汤品解说

　　天冬养阴清热、润肺滋肾，太子参补益脾肺、益气生津，鲍鱼滋阴补阳、补而不燥。本品有补气养阴、生津止渴的功效。适合秋季食用。

麻黄饮

原料

麻黄·····················9 克
姜·····················30 克

做法

❶ 将麻黄洗净；姜洗净，切片。
❷ 将麻黄加适量水煎煮半小时。
❸ 加入姜片再煮半小时即可。

汤品解说

　　本品具有发散风寒、辛温暖胃、宣肺止咳等功效，适宜肺气喘急患者在秋季食用。

核桃山药蛤蚧汤

原料

核桃仁、山药·····················各30 克
蛤蚧·····················1 只
猪瘦肉·····················200 克
蜜枣·····················20 克
盐适量

做法

❶ 核桃仁、山药洗净，浸泡；猪瘦肉洗净切块，蜜枣洗净。
❷ 将蛤蚧刮去鳞片，洗净，浸泡。
❸ 将适量清水放入瓦煲内，水沸后加入核桃仁、山药、蛤蚧、猪瘦肉、蜜枣，以大火煲沸后，转小火煲3小时，加盐调味即可。

汤品解说

　　核桃仁补肾温肺，山药补脾养胃、生津益肺，蛤蚧补肺止咳。本品有滋阴补阳、益肺固肾、定喘纳气的功效。适合秋季食用。

人参鹌鹑蛋

原料

黄精·······················10 克

人参·························6 克

鹌鹑蛋·······················12 个

高汤·······················800 毫升

白糖、盐、味精、酱油各适量

做法

❶ 将人参洗净煨软，滤出人参液待用；黄精洗净，用水煎两遍，取其浓缩液与人参液调匀。

❷ 鹌鹑蛋煮熟去壳，一半与做法❶调好的汁液、盐、味精腌渍15分钟；另一半用油（原料外）炸成金黄色。

❸ 将高汤、白糖、酱油、味精等兑成汁，再将鹌鹑蛋同兑好的汁一起下锅翻炒即可。

汤品解说

　　人参能补气固脱、生津安神，黄精补脾益气、润肺生津，鹌鹑蛋补益气血、强身健脑。本品有平衡阴阳、健脾益肺、强身健体的功效。适合秋季食用。

四宝炖乳鸽

原料

山药、银杏·······················各50 克

枸杞·······················15 克

乳鸽·························1 只

香菇·······················40 克

清汤·······················800 毫升

葱段、姜片、料酒、盐各适量

做法

❶ 将乳鸽洗净，剁块；山药洗净，切成小滚刀块，与乳鸽块一起焯水；香菇泡发洗净；银杏、枸杞洗净。

❷ 清汤置锅中，放入所有原料，上火蒸2小时，拣出葱段、姜片即可。

汤品解说

　　山药药食两用，银杏可抑菌杀菌，香菇能提高抵抗力，枸杞滋阴润肺。本品具有补气健脾、滋阴固肾、平衡阴阳的功效。适合秋季食用。

灵芝肉片汤

原料

党参……………………………………………10 克
灵芝……………………………………………12 克
猪瘦肉………………………………………150 克
葱花、姜片、盐、香油各适量

做法

❶ 将猪瘦肉洗净、切片；党参、灵芝洗净，用温水略泡备用。

❷ 净锅上火倒油（原料外），将葱花、姜片爆香，放入肉片煸炒，倒入水烧沸。

❸ 再放入党参、灵芝，调入盐煲至熟，淋入香油即可。

汤品解说

　　党参可补中益气、健脾益肺、养血生津，灵芝补气安神、止咳平喘。本品具有益气安神、健脾养胃的功效，适合秋季食用。

沙参玉竹煲猪肺

原料

沙参、玉竹……………………… 各15 克
猪肺………………………………………1 个
猪腱肉………………………………180 克
蜜枣…………………………………10 克
姜、盐各适量

做法

❶ 用清水略冲洗沙参、玉竹，沥干切段；猪腱肉洗净，切成小块后余水；蜜枣洗净备用；猪肺洗净后切成块；姜洗净切片。

❷ 将沙参、玉竹、蜜枣、猪肺、猪腱肉、姜片放入锅中，加入适量清水煲沸，转小火煲至汤浓，加盐调味即可。

汤品解说

　　沙参可清热养阴、润肺止咳，玉竹能养阴润燥、清热生津。本品有润燥止咳、补肺养阴的功效，适合秋季食用。

菊花桔梗雪梨汤

原料

菊花·························· 5 朵
桔梗·························· 10 克
雪梨·························· 1 个
冰糖适量

做法

❶ 将菊花、桔梗洗净，加适量水煮沸，转小火继续煮10分钟，去渣留汁，加入冰糖搅匀后，盛出待凉。

❷ 将雪梨洗净削皮，梨肉切丁备用。

❸ 将切丁的梨肉加入已凉的甘菊水即可。

汤品解说

　　菊花护肝明目、清热祛火，桔梗宣肺利咽、祛痰排脓，二者与雪梨搭配，可开宣肺气、清热解毒，能辅助治疗秋燥咳嗽、咽喉肿痛等症。

灯芯草雪梨汤

原料

灯芯草·························· 15 克
薏米·························· 30 克
雪梨·························· 1 个
冰糖适量

做法

❶ 将雪梨洗净，去皮、核，切块；将灯芯草、薏米洗净备用。

❷ 锅内注入适量水，放入灯芯草、薏米，以小火煎沸。

❸ 煎20分钟后，加入雪梨块、冰糖，再煮沸即可。

汤品解说

　　本品可清热滋阴、利水通淋，能用于前列腺炎伴阴虚口干舌燥、小便短赤等症的辅助治疗。适宜秋季食用。

菟杞红枣炖鹌鹑

原料

菟丝子、枸杞……………………… 各10 克

红枣……………………………… 5 颗

鹌鹑………………………………1 只

料酒、盐、味精各适量

做法

❶ 鹌鹑去毛、内脏，洗净，斩件，入开水锅中
氽烫去血污；菟丝子、枸杞、红枣均洗净，
用温水浸透，并将红枣去核。

❷ 将以上用料加入适量开水倒进炖盅，再加入
料酒，盖上盅盖，以大火炖30分钟，转小
火炖1小时，最后用盐、味精调味即可。

汤品解说

菟丝子能补肾益精、养肝明目，枸杞可滋
阴润肺、补虚益精。本品具有滋补肝肾、益气
补血、藏精固本的功效。适宜冬季食用。

巴戟黑豆鸡汤

原料

巴戟天、胡椒粒 ………………… 各15 克

黑豆………………………………100 克

鸡腿………………………………150 克

盐适量

做法

❶ 将鸡腿剁块，放入开水中氽烫，捞出洗净。

❷ 将黑豆淘净，和鸡腿、巴戟天、胡椒粒一起
放入锅中，加水至盖过材料。

❸ 以大火煮沸，再转小火继续炖40分钟，加
盐调味即可食用。

汤品解说

本品具有补肾阳、强筋骨的功效，适宜冬
季食用。

海马汤

原料

海马 ··· 2 只
枸杞 ·· 15 克
红枣 ··· 5 颗
姜 ··· 2 片

做法

❶ 将枸杞、红枣均洗净；海马泡发，洗净。
❷ 将所有材料加水煎煮30分钟即可。

汤品解说

　　本品具有温阳益气、补肾滋阴等功效，适宜冬季食用。

荠菜四鲜宝

原料

杏仁 ·· 30 克
白芍 ·· 15 克
荠菜 ·· 50 克
虾仁 ·· 100 克
盐、鸡精、料酒、淀粉各适量

做法

❶ 将杏仁、白芍、荠菜、虾仁均洗净，然后切丁备用。
❷ 将虾仁用盐、料酒、鸡精、淀粉上浆后，放入四成热的油锅中滑炒备用。
❸ 锅中加入清水，将杏仁、白芍、荠菜、虾仁放入锅中煮熟后，再加盐调味即可。

汤品解说

　　本品具有宣肺止咳、敛阴止痛、疏肝健脾的功效，适宜冬季食用。

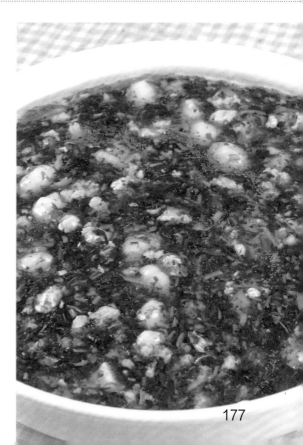

丝瓜络煲猪瘦肉

原料

丝瓜络……………………………………100 克
猪瘦肉…………………………………… 60 克
盐少许

做法

❶ 将丝瓜络洗净；猪瘦肉洗净，切块。
❷ 将丝瓜络、猪瘦肉块同放锅内煮汤，快熟时加少许盐调味即可。

汤品解说

　　丝瓜络有通经活络、清热解毒、利尿消肿的功效。本品能清热消炎、解毒通窍，可用于治疗肺热鼻燥引起的鼻炎、干咳等症。适于冬季食用。

车前子田螺汤

原料

车前子…………………………………… 50 克
红枣………………………………………10 颗
田螺…………………………………… 1000 克
盐适量

做法

❶ 先用清水浸养田螺1~2天，经常换水以漂去污泥，洗净，钳去尾部。
❷ 将车前子洗净，用纱布袋包好；红枣洗净。
❸ 将纱布袋、红枣、田螺放入开水锅内，以大火煮沸，转小火煲2小时，加盐调味即可。

汤品解说

　　本品具有利水通淋、清热祛湿的功效。可用于治疗膀胱湿热、小便短赤、涩痛不畅等症。适于冬季食用。

薏米瓜皮鲫鱼汤

原料

冬瓜皮·····································60 克

薏米·····································30 克

鲫鱼·····································250 克

姜片、盐各适量

做法

❶ 将鲫鱼剖洗干净，去内脏、去鳃；冬瓜皮、薏米分别洗净。

❷ 将冬瓜皮、薏米、鲫鱼、姜片放进汤锅内，加适量清水，盖上锅盖。

❸ 用中火烧沸，转小火再煲1小时，加盐调味即可。

汤品解说

　　薏米和冬瓜均有利尿通淋、清热解毒的功效，鲫鱼可补脾开胃、利水除湿。本品可用于治疗急性肾炎、小便涩痛、尿血等证。本品适于冬季食用。

桂圆黑枣汤

原料

桂圆·····································50 克

黑枣·····································30 克

冰糖适量

做法

❶ 将桂圆去壳、去核，洗净备用；将黑枣洗净，备用。

❷ 锅中加水烧开，下入黑枣煮5分钟，然后加入桂圆。

❸ 一起煮25分钟后，再下入冰糖煮至溶化，即可食用。

汤品解说

　　本品可益脾胃、补气血、安心神，可辅助治疗虚劳瘦弱、低血压、贫血、失眠等症。适合冬季食用。

桑寄生竹茹鸡蛋汤

原料

桑寄生·····································40 克

竹茹·······································10 克

红枣·······································8 颗

鸡蛋·······································2 个

冰糖适量

做法

❶ 将桑寄生、竹茹均洗净；红枣洗净，去核，备用。

❷ 将鸡蛋煮熟，去壳备用。

❸ 将桑寄生、竹茹、红枣放入锅中，加水以小火煲90分钟，加入鸡蛋，最后加入冰糖煮沸即可。

汤品解说

　　桑寄生可祛风湿、益肝肾，竹茹可清热化痰。本品具有舒筋活络、强腰膝、止痹痛的功效。适于冬季食用。

黄芪党参牛尾汤

原料

黄芪、党参、当归·····················各10 克

牛尾·······································1 条

牛肉·······································250 克

牛筋·······································100 克

红枣·······································10 克

枸杞、盐各适量

做法

❶ 将牛肉洗净，切块；牛筋用清水浸泡30分钟，再下水清煮15分钟；牛尾洗净，斩成寸段；所有药材均洗净。

❷ 锅内加水和除盐外的所有原料。

❸ 用大火煮沸后，转小火煮2小时，加盐调味即可。

汤品解说

　　本品具有补肾养生、强腰壮膝、益气固精的功效。适于冬季食用。

五脏对症养生汤

　　五脏即心、肝、脾、肺、肾，其中心主血脉、肺主气、肝主生发、脾主运化、肾主藏精，各显其能，缺一不可。所以，日常对身体五脏的补养尤为重要。养生汤品可以说是补养五脏的不二选择，本章集中介绍了几十种汤品，针对各脏器所导致的一些疾病均有食疗功效。

阿胶枸杞炖甲鱼

原料

甲鱼·······························1 只
山药······························ 8 克
枸杞······························ 6 克
阿胶······························10 克
清鸡汤····························700 毫升
姜、料酒、盐、味精各适量

做法

❶ 将甲鱼宰杀，洗净，切成块；山药、枸杞用
温水浸透洗净；姜洗净切片。

❷ 将甲鱼块、清鸡汤、山药、枸杞、姜片、料
酒置于炖盅中，盖上盅盖，隔水炖。

❸ 待锅内水开后用中火炖2小时，放入阿胶后再
用小火炖30分钟，最后调入盐、味精即可。

汤品解说

　　甲鱼补中益气，阿胶补血滋阴。本品对心
悸失眠、月经不调等症有较好的食疗作用。

阿胶猪皮汤

原料

猪皮·························· 500 克
阿胶···························10 克
花椒水、料酒·················各20 毫升
葱、姜、蒜、味精、酱油、盐、香油各适量

做法

❶ 阿胶和料酒同入碗，上蒸笼蒸化。

❷ 猪皮入锅煮透，刮洗干净，切条；葱、姜、
蒜洗净，葱切段，姜切片，蒜切末。

❸ 取2000毫升开水，与猪皮、蒸化的阿胶、
葱段、姜片、花椒水、盐、味精、蒜末、酱
油、料酒一同入锅，用大火烧沸，转慢火熬
30分钟后，淋入香油即可。

汤品解说

　　本品有补血安胎、养心安神的功效，能有效
改善孕妇心烦、失眠、五心烦热、胎动不安等症。

人参滋补汤

原料

人参 ·· 9 克
山鸡 ··· 250 克
姜、盐各适量

做法

❶ 将山鸡洗净，切成大小合适的块，氽水；人参洗净备用；姜洗净切片。

❷ 汤锅上火，加水适量，放山鸡、人参、姜片、盐，一起煲至熟即可。

汤品解说

　　人参有养心益肾、益气养血、补肾益精的作用。本品能增强免疫力，对体虚欲脱、久病虚羸、心源性休克均有很好的食疗作用。

当归桂圆猪腰汤

原料

当归 ··· 10 克
桂圆肉 ··· 30 克
猪腰 ··· 150 克
姜片、盐各适量

做法

❶ 猪腰洗净，切开，除去白色筋膜；当归、桂圆肉均洗净。

❷ 锅中注水烧沸，入猪腰氽水去除血沫，捞出切块。

❸ 煲内加入适量清水，大火煲滚后加入盐以外的所有食材，转小火煲2小时，最后加盐调味即可。

汤品解说

　　桂圆有养血安神、补血益气的功效；猪腰可理肾气、通膀胱、消积滞、止消渴。本品适合失眠心悸、月经不调、肾阴虚者食用。

葡萄干红枣汤

原料

红枣······························15 克

葡萄干·····························30 克

做法

❶ 葡萄干洗净备用，红枣去核洗净。

❷ 锅中加适量的水，大火煮沸后，先放入红枣煮10分钟，再放入葡萄干煮至枣烂即可。

汤品解说

　　红枣补血养心、安胎定神；葡萄干可补血补气，能缓解手脚冰冷等症。本品对因血虚引起的胎动不安、少气懒言等均有一定的食疗作用。

桂圆山药红枣汤

原料

桂圆肉·························· 60 克

山药··························150 克

红枣···························15 克

冰糖适量

做法

❶ 山药削皮洗净，切小块；红枣洗净。

❷ 汤锅内加3碗水煮沸后，放入山药块，煮沸后再放红枣。

❸ 待山药熟透、红枣松软，放入桂圆肉继续煮，至其香甜味融入汤中熄火，加冰糖调味即可。

汤品解说

　　桂圆补虚健体，红枣益气补血，山药健脾和胃。三者合用，对病后体虚、脾胃虚弱、倦怠无力、食欲不振等症均有食疗作用。

益智仁鸭汤

原料

鸭肉·· 250 克
鸭肾···1 个
白术、益智仁······································· 各10 克
猪油、料酒、姜、葱、盐、味精各适量

做法

❶ 鸭肉洗净，切块；鸭肾处理干净，切成4块；
 姜洗净拍松；葱洗净切段。

❷ 汤锅上火，加猪油烧热，放入鸭肉块、鸭肾
 块、葱段、姜，爆炒5分钟，倒入料酒，再
 翻炒5分钟，盛入砂锅内。

❸ 加适量清水于砂锅中，再放入益智仁、白术，
 小火炖3小时，最后放盐和味精调味即可。

汤品解说

　　白术有健脾益气、燥湿利水、止汗、安胎
的功效；益智仁可温心脾、暖肾、固气、涩
精。本品可清肺解热、温补心脾。

益智仁猪骨汤

原料

益智仁·· 5 克
猪尾骨·· 400 克
白萝卜·· 80 克
玉米·· 50 克
盐适量

做法

❶ 益智仁洗净；猪尾骨洗净斩块，滚水氽烫，
 捞出；白萝卜、玉米分别洗净切块。

❷ 锅中加清水煮沸，放入益智仁、猪尾骨同煮
 15分钟。

❸ 再将白萝卜块、玉米块入锅煮至熟，加入盐
 调味即可。

汤品解说

　　本品具有补脑醒神、养血健骨的功效。对
体质虚弱、腹部冷痛、吐泻、小便频数等症均
有一定的食疗作用。

生地煲猪骨肉

原料

猪骨肉·······················500 克
生地··························15 克
姜··························· 50 克
盐、味精各适量

做法

❶ 猪骨肉洗净，切成小段；生地洗净；姜洗
净，去皮，切成片。

❷ 将猪骨肉放入炒锅中炒至断生，盛出备用。

❸ 取一炖盅，放入猪骨肉、生地、姜片和适量
清水，隔水炖1小时，最后加入盐、味精调
味即可。

汤品解说

　　本品具有滋阴清凉、凉血补血的功效，对
骨蒸劳热、失眠多梦、五心发热、阴虚盗汗等症
均有食疗作用。

莲子红枣花生汤

原料

莲子························· 20 克
红枣··························15 克
花生························· 50 克
冰糖适量

做法

❶ 将莲子、花生、红枣分别洗净，备用。

❷ 锅上火，加入适量清水，将莲子、花生、红
枣放入锅中，以大火烧沸，撇去浮沫，再转
小火慢炖10分钟，最后调入冰糖即可。

汤品解说

　　莲子清热降火、固精止带；红枣养心益
肾；花生补脾止泄。本品对心慌心悸、失眠健
忘、脾虚带下、滑精等症均有食疗作用。

莲子猪心汤

原料

莲子·····················20 克

红枣、枸杞················各15 克

猪心·····················1 个

盐适量

做法

① 将猪心洗净，放入锅中加水煮熟捞出，用清水冲洗干净，切成片。

② 将莲子、红枣、枸杞分别洗净，泡发，备用。

③ 锅上火，加水适量，将莲子、红枣、枸杞、猪心片放入锅中，以小火煲2小时，最后加盐调味即可。

汤品解说

　　莲子和红枣均有补益心脾的功效，枸杞养血益气，猪心养心安神。本品对心虚失眠、心烦气躁、惊悸自汗、精神恍惚等症均有食疗作用。

党参茯苓鸡汤

原料

鸡腿·····················1 只

党参·····················15 克

茯苓·····················10 克

红枣·····················8 颗

盐适量

做法

① 鸡腿洗净剁块，入开水汆烫，捞起冲净；党参、茯苓、红枣均洗净。

② 将鸡腿块、党参、茯苓、红枣一起放入锅中，加适量水以大火煮沸，转小火继续煮30分钟，起锅前加盐调味即可。

汤品解说

　　党参温中益气、养心安神；红枣补血益虚；茯苓渗湿利水、健脾和胃。本品能有效改善气血不足、劳倦乏力、心神不安、惊悸失眠等症。

茯苓猪瘦肉汤

原料

猪瘦肉……………………………………400 克
茯苓……………………………………10 克
菊花、白芝麻……………………………各5 克
盐、鸡精各适量

做法

❶ 猪瘦肉洗净，切块，汆去血水；茯苓洗净，切片；菊花、白芝麻均洗净。

❷ 将猪瘦肉块、茯苓片、菊花放入炖锅中，加入适量清水，炖2小时，调入盐和鸡精，撒上白芝麻，关火，加盖焖一会儿即可。

酸枣仁黄豆炖鸭

原料

鸭………………………………………半只
黄豆……………………………………200 克
酸枣仁、夜交藤………………………各15 克
上汤………………………………1000 毫升
姜片、盐、味精各适量

做法

❶ 将鸭洗净切块；黄豆、酸枣仁、夜交藤洗净。

❷ 将鸭块与黄豆一起下锅汆水，备用。

❸ 将上汤倒入锅中，放入做法❶、❷的材料，一起炖1小时，最后加盐、味精调味即可。

桂枝红枣猪心汤

原料

猪心……………………………………半个
桂枝……………………………………5 克
党参……………………………………10 克
红枣……………………………………6 颗
盐适量

做法

❶ 将猪心挤去血水，汆烫，捞出洗净，切片。

❷ 桂枝、党参、红枣分别洗净放入锅中，加适量水，以大火煮沸，转小火继续煮30分钟。

❸ 再转中火煮沸，放入猪心片煮开，加盐调味即可。

西红柿猪肝汤

原料

猪肝·······························150 克
金针菇·····························50 克
西红柿、鸡蛋························各1 个
盐、酱油、味精各适量

做法

❶ 猪肝洗净切片；西红柿入开水中稍烫，去皮，切块；金针菇洗净；鸡蛋打散成蛋液。
❷ 将切好的猪肝片入开水中汆去血水。
❸ 锅上火加油（原料外），下猪肝片、金针菇、西红柿块翻炒一会儿，加入适量清水煮10分钟，淋入蛋液，调入盐、酱油、味精即可。

汤品解说

　　猪肝补肝明目，金针菇益肠胃。本品凉血平肝、健脾降压、清热利尿，能改善因肝血亏虚引起的目赤肿痛、口腔溃疡等症。

海带海藻瘦肉汤

原料

猪瘦肉····························350 克
海带、海藻·························各50 克
盐适量

做法

❶ 将猪瘦肉块洗净，切块；海带洗净，切片；海藻洗净。
❷ 将猪瘦肉块汆水，去除血水。
❸ 将猪瘦肉、海带片、海藻放入锅中，加入清水炖2小时至汤色变浓后，加盐调味即可。

汤品解说

　　海带有降血脂、降血糖、调节免疫力的作用。本品可化痰利水、软坚散结，适合动脉硬化、高血压患者食用。

酸枣仁莲子炖鸭

原料

鸭肉块……………………………… 200 克
莲子、莲须……………………… 各100 克
酸枣仁………………………………15 克
芡实………………………………… 50 克
猪骨肉、牡蛎……………………… 各10 克
盐适量

做法

❶ 将酸枣仁、猪骨肉、牡蛎、莲须一同放入棉布袋中，将袋口扎紧。

❷ 将鸭肉块放入开水中汆烫，捞起冲净；将莲子、芡实分别洗净，沥干。

❸ 将做法❶、❷的材料放入汤锅，加1500毫升水以大火煮沸，转小火继续煮40分钟，加盐调味即可。

汤品解说

　　本品有宁心安神的功效，对五心烦躁、失眠多梦等症均有食疗作用。

红豆薏米汤

原料

红豆、薏米………………………… 各100 克
盐或白糖适量

做法

❶红豆洗净，清水浸泡2小时；薏米洗净，清水泡发半小时。

❷锅上火，加入500毫升清水，放入红豆、薏米，以大火烧沸后，转小火焖煮2小时，最后加入盐或白糖调味即可。

汤品解说

　　薏米可利水消肿、清热解毒；红豆有解毒排脓的功效。本品对溃疡、尿路感染、痤疮、湿疹、痢疾等症均有食疗作用。

双枣莲藕炖排骨

原料

莲藕·····················600 克
排骨·····················250 克
红枣、黑枣·················各10 颗
盐适量

做法

❶ 排骨洗净剁块，氽烫去浮沫，捞起冲净。
❷ 将莲藕削皮，洗净，切成块；红枣、黑枣均洗净去核。
❸ 将盐以外的所有材料放入锅中，加水适量，煮沸后转小火炖60分钟，加盐调味即可。

汤品解说

　　红枣补脾生津，黑枣消渴去热，莲藕滋阴益气。本品有养血健骨、清热利湿、延缓衰老的功效，对贫血、高血压和肝硬化均有食疗作用。

苦瓜黄豆排骨汤

原料

排骨·····················150 克
苦瓜······················50 克
黄豆······················20 克
盐适量

做法

❶ 排骨洗净，剁块；苦瓜去皮洗净，切大块；黄豆洗净，浸泡20分钟。
❷ 热锅注水烧沸，将排骨块放入，煮尽血水，捞出冲净。
❸ 瓦煲注水烧沸，放排骨块、黄豆，以大火煲沸后放入苦瓜块，再转小火煲煮2小时，加盐调味即可。

汤品解说

　　苦瓜清热除烦、润肠生津；黄豆可滋补养心、祛风明目、清热利水。本品可健脾益气，对高血压、高脂血症、糖尿病均有食疗作用。

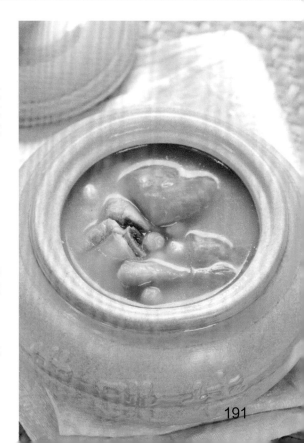

玉竹炖猪心

原料

玉竹……………………………………… 50 克

猪心……………………………………… 500 克

葱、姜、花椒、盐、白糖、味精、香油各适量

做法

① 将玉竹洗净，切成段；猪心剖开，洗净血水，切块；葱洗净切段，姜洗净切片。

② 将玉竹、猪心块、姜片、葱段、花椒一同放入锅中煮40分钟。

③ 最后放盐、白糖、味精和香油调味即可。

汤品解说

　　玉竹可养阴润燥、除烦止渴；猪心能安神定惊、养心补血。本品具有宁心安神、养阴生津的功效，常食可改善冠脉流量，防治冠心病。

白芍猪肝汤

原料

白芍、菊花……………………………… 各15 克

枸杞……………………………………… 10 克

猪肝……………………………………… 200 克

盐适量

做法

① 将猪肝洗净，切片，焯水；白芍、枸杞、菊花均洗净备用。

② 净锅上火倒入水煮沸，放入白芍、菊花、猪肝片煲至熟。

③ 再放入枸杞，调入盐即可。

汤品解说

　　白芍可补血养血、平抑肝阳；菊花能清火明目；枸杞滋阴益气。本品有养血补血、理气止痛的功效，可缓解冠心病之胸闷、胸痛等症状。

海带豆腐汤

原料

女贞子·······················15 克
海带结·······················20 克
豆腐························150 克
姜、盐各适量

做法

❶ 海带结洗净，泡水；豆腐洗净切丁；女贞子洗净备用；姜洗净切丝。

❷ 锅中加水煮沸，再放入女贞子煮10分钟。

❸ 放入海带结、豆腐丁和姜丝煮10分钟，熟后放盐调味即可。

汤品解说

　　海带具有降血脂、降血糖、调节免疫、抗凝血、抗肿瘤和抗氧化等多种功效。本品可清热滋阴、降低血压、软坚散结，适合高血压、甲状腺肿大等患者食用。

山楂瘦肉汤

原料

山楂·······················15 克
猪瘦肉·······················200 克
鸡汤·····················1000 毫升
姜、葱段、盐各适量

做法

❶ 将山楂洗净备用。

❷ 猪瘦肉洗净，切片；姜洗净拍松。

❸ 锅置火上，加油（原料外）烧热，放入姜、葱段爆香，倒入鸡汤，再放入猪瘦肉片、山楂、盐，以小火炖50分钟即可。

汤品解说

　　山楂具有降血脂、降血压、抗心律不齐等作用，同时也是健脾开胃、消食化滞、活血化痰的良药。本品能化食消积、降低血压，适合高血压、腹胀患者食用。

归芪白芍瘦肉汤

原料

当归、黄芪······················各20克
白芍··10克
猪瘦肉·······································60克
盐适量

做法

❶ 将当归、黄芪、白芍分别洗净，备用；猪瘦肉洗净，切块，备用。

❷ 锅洗净，置于火上，加适量清水，将当归、黄芪、白芍与猪瘦肉块一起放入锅内，炖熟，加盐调味即可。

汤品解说

　　当归可补气活血，黄芪疏肝和胃，白芍补血养血。本品对体质虚弱、胁肋疼痛、肝炎、月经不调、产后血虚血淤均有食疗作用。

三七郁金炖乌鸡

原料

三七、郁金······················各6克
乌鸡··500克
姜、葱、蒜、盐各适量

做法

❶ 三七洗净，切成绿豆大小的粒；郁金洗净，润透，切片；乌鸡洗净；蒜洗净去皮，切片；姜洗净，切片；葱洗净，切段。

❷ 乌鸡放入蒸盆内，加入姜片、葱段、蒜片，鸡身上撒盐，抹匀，鸡腹内放入三七、郁金片，蒸盆内再加300毫升清水。

❸ 把蒸盆置于蒸笼内，用大火蒸50分钟，加盐调味即可。

汤品解说

　　本品有理气止痛的功效，对肝气郁结引起的消化性溃疡有食疗作用。

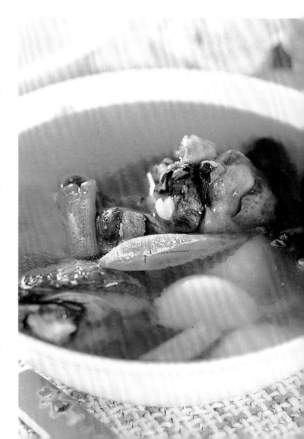

菊花羊肝汤

原料

鲜羊肝······································200 克
菊花·· 5 克
蛋清淀粉·····································15 克
姜、葱、盐、料酒、胡椒粉、味精各适量

做法

❶ 鲜羊肝洗净，切片；菊花洗净，浸泡；葱洗净切碎，姜洗净切片。

❷ 羊肝片入开水中稍氽一下，用盐、料酒、蛋清淀粉浆好。

❸ 锅内加油（原料外）烧热，下姜片煸出香味，加水，放入羊肝片、胡椒粉、盐煮至汤沸，放入菊花、味精、葱花煲至熟即可。

汤品解说

　　菊花可清热祛火、养肝明目；羊肝可补气血、清虚热。本品对消除眼睛疲劳、防治由风、寒、湿引起的肢体疼痛、麻木等症均有食疗作用。

猪骨肉牡蛎炖鱼汤

原料

鲭鱼···1 条
猪骨肉、牡蛎·····················各50 克
葱、盐各适量

做法

❶ 猪骨肉、牡蛎冲洗干净，一同入锅加1500毫升水熬成高汤，熬至约3碗，取汤弃渣；葱洗净切段。

❷ 鲭鱼处理干净，切段，拭干，入油锅炸至酥黄，捞起。

❸ 将炸好的鱼段放入高汤中，熬至汤汁呈乳黄色时，加葱段、盐调味即可。

汤品解说

　　鲭鱼有滋补强壮的功效；猪骨敛汗固精；牡蛎益智健脑、宁心安神。三者配伍，可平肝潜阳、补虚安神，长期服用能壮筋骨、益寿命。

决明子杜仲鹌鹑汤

原料

鹌鹑·······················1 只
杜仲·······················50 克
山药·······················100 克
决明子、枸杞····················各15 克
红枣·······················20 克
姜片、盐、味精各适量

做法

❶ 鹌鹑去毛，洗净，去内脏，剁成块；杜仲、枸杞、红枣、山药均洗净备用。

❷ 决明子装入纱布袋且扎紧袋口，放入煮锅中，加水1200毫升熬成高汤，捞出药袋。

❸ 高汤中加入鹌鹑、杜仲、枸杞、红枣、山药、姜片，以大火煮沸后转小火煲3小时，最后加盐和味精调味即可。

汤品解说

　　决明子可清肝火、益肾明目；杜仲可补益肝肾、强筋壮骨；鹌鹑可消肿利水、补中益气。

牡蛎豆腐汤

原料

牡蛎肉、豆腐·····················各100 克
鸡蛋·······················1 个
韭菜·······················50 克
高汤·······················800 毫升
葱花、盐、味精、香油各适量

做法

❶ 将牡蛎肉洗净；豆腐洗净，切成细丝；韭菜洗净切末；鸡蛋打入碗中搅匀。

❷ 起油锅，将葱花炝香，倒入高汤，放入牡蛎肉、豆腐丝，调入盐、味精煲至入味。

❸ 再下入韭菜末、鸡蛋液，淋上香油即可。

汤品解说

　　牡蛎具有软坚散结、收敛固涩的功效；豆腐可补中益气、清洁肠胃。本品可潜阳敛阴、清热润燥，对胃痛吞酸、自汗、遗精、崩漏带下、糖尿病均有食疗作用。

郁金黑豆炖鸡

原料

鸡腿·····························1 只
黑豆···························150 克
牛蒡···························100 克
郁金·····························9 克
盐适量

做法

❶ 黑豆洗净，浸泡30分钟；牛蒡削皮，洗净切块。

❷ 鸡腿剁块，入开水中氽烫后捞出备用。

❸ 黑豆、牛蒡、郁金先下锅，加适量水煮沸，转小火炖15分钟，再放鸡腿继续炖30分钟，待肉熟豆烂，加盐调味即可。

汤品解说

　　黑豆温中益气，郁金行气解淤，牛蒡疏散风热。本品有补精添髓、散结解毒的功效，对胸胁脘腹疼痛、惊痫癫狂者有一定的食疗作用。

天麻黄精炖乳鸽

原料

乳鸽·····························1 只
天麻、黄精······················各10 克
枸杞、葱、姜、盐各适量

做法

❶ 乳鸽处理干净；天麻、黄精洗净稍泡；枸杞洗净泡发；葱洗净切段，姜洗净切片。

❷ 热锅注水烧沸，下乳鸽滚尽血渍，捞起。

❸ 炖盅注入水，放入天麻、黄精、枸杞、乳鸽、姜片，以大火煲沸后转小火煲3小时，放入葱段，加盐调味即可。

汤品解说

　　黄精健脾润肺，天麻息风定惊，枸杞滋阴益气。本品有平肝养肾、息风降压的功效，是高血压、动脉硬化、中风患者的食疗佳品。

芹菜响螺猪肉汤

原料

猪瘦肉·······················300 克
金针菇·······················50 克
芹菜·························100 克
响螺·························100 克
盐、鸡精各适量

做法

❶ 猪瘦肉洗净，切块；金针菇洗净，浸泡；芹菜洗净，切段；响螺洗净，取肉。

❷ 将猪瘦肉块、响螺肉放入开水中氽去血水，捞出备用。

❸ 锅中注水烧沸，放入猪瘦肉块、金针菇、芹菜、响螺肉块，慢炖2.5小时，加入盐和鸡精调味即可。

汤品解说

　　金针菇补益肠胃，芹菜平肝清热、凉血止血。本品平肝明目、滋阴润肠，对黄疸、头痛头晕、消渴羸瘦、热病伤津、便秘均有食疗作用。

芹菜西洋参瘦肉汤

原料

芹菜、猪瘦肉·················各150 克
西洋参·······················20 克
盐适量

做法

❶ 芹菜洗净，去叶，梗切段；猪瘦肉洗净，切块；西洋参洗净，切丁，浸泡。

❷ 将猪瘦肉块放入开水中氽烫，去血污。

❸ 将芹菜段、猪瘦肉块、西洋参丁放入开水锅中小火慢炖2小时，再转大火炖10分钟，加盐调味即可。

汤品解说

　　芹菜可清热除烦、平肝明目、利水消肿；西洋参益肺清火。本品对高血压、头痛头晕、暴热烦渴、小便热涩不利等症均有食疗作用。

女贞子蒸带鱼

原料

女贞子·························· 20 克
带鱼 ·························· 1 条
姜适量

做法

❶ 将带鱼洗净，去内脏及头鳃，切成段；姜洗净切丝；女贞子洗净备用。

❷ 将带鱼段放入盘中，放入蒸锅蒸熟。

❸ 再将女贞子放入盘中，加水继续蒸20分钟，撒上姜丝即可。

汤品解说

　　女贞子补养肝肾，有乌发明目的功效；带鱼补虚解毒，止血养肝。本品具有增强体质、抗病毒的功效，对于各型肝炎患者均有食疗作用。

灵芝瘦肉汤

原料

黄芪、党参·················· 各15 克
灵芝······················· 30 克
猪瘦肉····················· 100 克
姜、葱、盐各适量

做法

❶ 将黄芪、党参、灵芝均洗净；猪瘦肉洗净，切块；姜洗净切片，葱洗净切丝。

❷ 黄芪、党参、灵芝与猪瘦肉、姜片一起放入锅中，加适量水，以小火炖至肉熟。

❸ 加入盐、葱丝调味即可。

汤品解说

　　本品有补气固表、保肝护肝、抗病毒的功效，对甲肝患者大有益处。

冬瓜豆腐汤

原料

泽泻······························15 克

冬瓜····························· 200 克

豆腐·····························100 克

虾米······························10 克

高汤·························800 毫升

盐、香油、味精各适量

做法

❶ 将冬瓜去皮，瓤洗净切片；虾米用温水浸泡洗净；豆腐洗净切片；泽泻洗净。

❷ 净锅上火倒入高汤，调入盐、味精。

❸ 再放入冬瓜片、豆腐片、虾米、泽泻煲至熟，淋上香油即可。

柴胡白菜汤

原料

柴胡······························15 克

白菜····························· 200 克

盐、味精、香油各适量

做法

❶ 将白菜洗净，掰开；柴胡洗净，备用。

❷ 锅中加适量水，放入白菜、柴胡，以小火煮10分钟。

❸ 出锅时放入盐、味精调味，淋上香油即可。

洋葱炖乳鸽

原料

海金沙、鸡内金 ················· 各10 克

乳鸽································ 500 克

洋葱································ 250 克

高汤······················· 1000 毫升

姜、白糖、盐、味精、酱油各适量

做法

❶ 乳鸽处理干净，剁块；洋葱洗净切片；海金沙、鸡内金均洗净；姜洗净切片。

❷ 锅烧热放油（原料外），下洋葱爆炒，然后下入高汤和上述做法❶的原料，以小火炖20分钟，下白糖、盐、味精、酱油调味即可。

黄芪蛤蜊汤

原料

黄芪·······························15 克
茯苓·······························10 克
蛤蜊·······························500 克
辣椒·······························2 个
粉丝、冲菜·······················各20 克
姜片、盐各适量

做法

❶ 粉丝泡发；冲菜洗净，切丝；辣椒洗净，切细条；黄芪、茯苓、蛤蜊均洗净。

❷ 蛤蜊加水煮熟，沥干。

❸ 起油锅，爆香姜片、辣椒条、冲菜丝，放入清水、蛤蜊、粉丝、黄芪、茯苓，加盐煮至粉丝软熟、蛤蜊入味即可。

汤品解说

　　黄芪益气健脾，茯苓化气行水，蛤蜊滋阴利水。本品对肝硬化患者有一定的食疗作用。

萝卜丝鲫鱼汤

原料

鲫鱼·······························1 条
萝卜·······························200 克
半枝莲·····························30 克
葱、姜片、盐、香油、味精各适量

做法

❶ 鲫鱼洗净；萝卜去皮，洗净，切丝；半枝莲洗净，装入事前准备好的纱布袋中，扎紧袋口；葱洗净，部分切段，部分切碎。

❷ 起油锅，将葱段、姜片炝香，下萝卜丝、鲫鱼、纱布袋煮至熟。

❸ 捞起纱布袋丢弃，调入盐、味精，撒上葱花，淋上香油即可。

汤品解说

　　半枝莲有清热解毒、活血祛瘀、消肿止痛的功效。此汤适合肝硬化腹水患者食用。

肉豆蔻补骨脂猪腰汤

原料

肉豆蔻、补骨脂 ························· 各9 克
猪腰 ····································· 100 克
红枣 ···································· 20 克
姜、盐各适量

做法

❶ 猪腰洗净，切开，除去白色筋膜；肉豆蔻、补骨脂、红枣均洗净；姜洗净，去皮切片。
❷ 锅注水烧沸，入猪腰氽烫，捞出洗净。
❸ 瓦煲装水，煮沸后放入猪腰、肉豆蔻、补骨脂、红枣、姜片，以小火煲2小时，加盐调味即可。

汤品解说

　　肉豆蔻具有温中下气、消食固肠的功效，还具有收敛、止泻、健胃、排气的作用；补骨脂则有补肾壮阳、补脾健胃的功效。故本品具有健脾和胃、补肾壮阳的功效。

绿豆陈皮排骨汤

原料

陈皮 ···································· 10 克
绿豆 ···································· 60 克
排骨 ···································· 250 克
盐、生抽各适量

做法

❶ 绿豆除去杂物和坏豆子，清洗干净，备用。
❷ 排骨洗净切块，氽水；陈皮浸软，洗净。
❸ 锅中加适量水，放入陈皮先煲沸，再放入排骨块、绿豆煮10分钟，然后转小火煲3小时，加盐、生抽调味即可。

汤品解说

　　陈皮具有理气健脾、燥湿化痰的功效，还可助消化、利胆、排石；绿豆则可消肿通气、清热解毒。本品具有开胃消食、降压降脂的功效。

陈皮鸽子汤

原料

陈皮、干贝·····················各10 克
鸽子·····························1 只
猪瘦肉···························150 克
山药·····························80 克
蜜枣·····························20 克
盐适量

做法

❶ 陈皮、山药、干贝分别洗净，浸泡；猪瘦肉、蜜枣均洗净。

❷ 鸽子去内脏，洗净，斩块，氽水。

❸ 将2000毫升清水放入瓦煲内，煮沸后加入做法❶、❷的材料，以大火煮沸，转小火煲3小时，加盐调味即可。

汤品解说

陈皮具有理气健脾、燥湿化痰的功效，还可助消化、利胆、排石；干贝具有滋阴补肾、和胃调中的功能。故本品能补脾健胃、调精益气。

春砂仁花生猪骨汤

原料

春砂仁···························8 克
猪骨·····························250 克
花生·····························30 克
盐适量

做法

❶ 花生、春砂仁均洗净，入水稍泡；猪骨洗净，切块，氽水。

❷ 将猪骨块、花生、春砂仁放入瓦煲内，注入清水，以大火烧沸，转小火煲2小时，加盐调味即可。

汤品解说

春砂仁具有行气调中、和胃醒脾的功效，主治腹痛痞胀、胃呆食滞、噎膈呕吐、寒泻冷痢等症；花生也可健脾开胃。故本品具有健脾益胃、益气养血的功效。

青豆党参排骨汤

原料

党参···25 克

青豆···50 克

排骨··100 克

盐适量

做法

① 青豆浸泡洗净；党参润透后洗净，切段。

② 排骨洗净，切块，热水汆烫后，捞起备用。

③ 将青豆、党参、排骨块一齐放入煲内，加水以小火煮1小时，再加盐调味即可。

汤品解说

　　党参具有补中益气、健脾益肺的功效，主治脾肺虚弱、食少便溏、虚喘咳嗽等症；排骨则能滋阴壮阳、益精补血。故本品具有健脾宽中、益精补血的功效。

黄芪牛肉汤

原料

黄芪···9 克

牛肉··450 克

葱段、香菜、盐各适量

做法

① 将牛肉洗净，切块，汆水；香菜拣择洗净，切段；黄芪用温水洗净，备用。

② 净锅上火倒入水，放入牛肉块、黄芪煲至熟。

③ 下入葱段、香菜段、盐调味即可。

汤品解说

　　黄芪具有补气固表、排脓敛疮、生肌的功效，可治气虚乏力、食少便溏、中气下陷等症；牛肉则能补脾胃、益气血、强筋骨。故本品能益气固表、敛汗固脱。

黄芪绿豆煲鹌鹑

原料

鹌鹑⋯⋯⋯⋯⋯⋯⋯⋯⋯⋯⋯⋯⋯⋯⋯⋯1只
黄芪、红枣⋯⋯⋯⋯⋯⋯⋯⋯⋯⋯各10克
白扁豆、绿豆⋯⋯⋯⋯⋯⋯⋯⋯⋯⋯各20克
盐适量

做法

❶ 鹌鹑处理干净；黄芪洗净泡发；红枣洗净，切开去核；白扁豆、绿豆均洗净，浸水30分钟。

❷ 锅中入水烧沸，将鹌鹑放入，煮尽血水，捞起洗净。

❸ 将黄芪、红枣、白扁豆、绿豆、鹌鹑一起放入砂锅，加水后用大火煲沸，转小火煲2小时，加盐调味即可。

汤品解说

　　鹌鹑有消肿利水、补中益气的功效；黄芪可治气虚乏力、食少便溏、中气下陷等症。故本品具有益气固表、强身健体的功效。

山药猪胰汤

原料

猪胰⋯⋯⋯⋯⋯⋯⋯⋯⋯⋯⋯⋯⋯⋯ 200克
山药⋯⋯⋯⋯⋯⋯⋯⋯⋯⋯⋯⋯⋯⋯⋯100克
红枣⋯⋯⋯⋯⋯⋯⋯⋯⋯⋯⋯⋯⋯⋯⋯ 20克
葱、姜、盐、味精各适量

做法

❶ 猪胰洗净，切块；山药洗净，去皮，切块；红枣洗净，去核；姜洗净，切片；葱洗净，切段。

❷ 锅上火，放适量水烧沸，放入猪胰块，稍煮片刻，捞起沥水。

❸ 将猪胰块、山药块、红枣、姜片、葱段放入瓦煲内，加水煲2小时，加盐、味精调味即可。

汤品解说

　　山药药食两用，可补脾、肺、肾三脏；猪胰能治脾胃虚弱、消化不良。故本品具有健脾补肺、益胃补肾的功效。

山药麦芽鸡肫汤

原料

鸡肫··450 克
山药··100 克
麦芽··10 克
红枣··20 克
盐、鸡精各适量

做法

❶ 鸡肫洗净，切块，氽水；山药洗净，去皮，
切块；麦芽洗净，浸泡；红枣洗净。

❷ 锅中放入鸡肫块、山药块、麦芽、红枣，加
入清水，加盖以小火慢炖。

❸ 1小时后揭盖，调入盐和鸡精稍煮即可。

汤品解说

　　山药能滋润血脉、健脾补胃，主治脾虚食
少、久泻不止、肺虚喘咳等症；鸡肫能消食导
滞。本品具有行气消食、健脾开胃的功效。

党参生鱼汤

原料

党参··20 克
生鱼··1 条
胡萝卜··50 克
高汤··1000 毫升
姜片、葱段、薄荷叶、盐、料酒、酱油各适量

做法

❶ 将党参洗净泡透，切段；胡萝卜洗净切块。

❷ 生鱼宰杀，洗净，切段，放入六成熟的油
（原料外）中煎至两面金黄后捞出备用。

❸ 净锅上火倒油（原料外），放入姜片、葱段
爆香，倒入高汤，再下生鱼段、料酒、党
参、胡萝卜、酱油、盐、烧煮至熟，最后以
薄荷叶装饰即可。

汤品解说

　　党参具有补中益气、健脾益肺的功效；胡
萝卜则可以补中气、健胃消食、壮元阳、安五
脏。故本品具有补中益气、补脾利水的功效。

206

话梅高良姜汤

原料

高良姜·······················6 克
话梅·······················50 克
冰糖、芹菜叶各适量

做法

❶ 将话梅洗净，切成两半；高良姜洗净，去皮切片。

❷ 净锅上火倒入适量水，放话梅、姜片稍煮。

❸ 调入冰糖煮25分钟（可按个人喜好增减冰糖的分量），最后以芹菜叶装饰即可。

汤品解说

高良姜可温脾胃、祛风寒、行气止痛；话梅可健胃、敛肺、温脾、止血涌痰、消肿解毒。本品具有健胃温脾、生津止渴的功效。

薏米银耳补血汤

原料

薏米·······················50克
银耳·······················20克
桂圆肉·······················20克
红枣·······················20克
莲子·······················20克
红糖·······················10克

做法

❶ 将薏米、莲子、桂圆肉、红枣分别洗净浸泡；银耳泡发，洗净，撕成小朵，备用。

❷ 汤锅上火倒入适量水，放入薏米、银耳、莲子、桂圆肉、红枣煲至熟；最后调入红糖搅匀即可。

汤品解说

薏米健脾益胃，桂圆和莲子均可益气补血，红枣和银耳能滋补生津。本品可辅助治疗脾胃虚弱、肺胃阴虚等症，兼具护肤养颜的功效。

豆豉鲫鱼汤

原料

风味豆豉 ·····················150 克
鲫鱼 ·······················100 克
清汤 ·······················800 毫升
姜、盐各适量

做法

❶ 将豆豉剁碎；鲫鱼洗净切块；姜洗净切片。
❷ 净锅上火倒入清汤，调入盐、姜片，放入鲫
鱼块烧沸，撇去浮沫，再放入风味豆豉煲至
熟即可。

汤品解说

　　豆豉能和胃除烦、解腥毒；鲫鱼能益气健
脾、利水消肿、清热解毒。本品具有温中健
脾、消谷除胀的功效。

蘑菇豆腐鲫鱼汤

原料

豆腐 ·······················175 克
鲫鱼 ·······················1 条
蘑菇 ·······················45 克
清汤 ·······················1000 毫升
盐、香油各适量

做法

❶ 豆腐洗净，切块；鲫鱼收拾干净，切块；蘑
菇洗净，切块。
❷ 净锅上火，倒入清汤，调入盐，放入鲫鱼、豆
腐块、蘑菇块烧沸，煲至熟，淋上香油即可。

汤品解说

　　鲫鱼可补阴血、通血脉、补体虚；豆腐可
补中益气、清热润燥、生津止渴、清洁肠胃。
本品具有健脾开胃、通络下乳的功效。

玉米猪肚汤

原料

猪肚·· 200 克

玉米·· 1 根

姜、盐、味精各适量

做法

❶ 将猪肚洗净,氽水;玉米切段。

❷ 将猪肚、玉米、姜放入盅内加水,用中火蒸
2 个小时,最后加盐、味精调味即可。

汤品解说

　　玉米可开胃益智、宁心活血、调理中气;
猪肚可补虚损、健脾胃。本品具有健脾补虚、
防治便秘的食疗效果。

黄连杏仁汤

原料

黄连 ··· 5 克

杏仁 ··· 20 克

萝卜 ··· 500 克

盐适量

做法

❶ 将黄连用清水洗净,备用;杏仁放入清水
中浸泡,去皮备用;萝卜用清水洗净,切
块备用。

❷ 将适量水、萝卜、杏仁、黄连一起放入碗
中,然后将碗移入蒸锅中,隔水炖。

❸ 待萝卜炖熟后,加入盐调味即可。

汤品解说

　　黄连有清热燥湿、泻火解毒的功效;杏仁
可润肺止咳;萝卜能补中益气。本品有润肠通
便、清热泻火、止咳化痰的食疗作用。

薏米肚条煲

原料
猪肚 ···································· 500 克
薏米 ···································· 300 克
枸杞 ····································· 20 克
高汤 ·································· 1500 毫升
姜、蒜、盐、鸡精各适量

做法
❶ 将猪肚洗净切条，汆水沥干；薏米、枸杞均
　洗净；姜、蒜洗净切片。
❷ 锅倒油（原料外）烧热，加入姜片、蒜片爆
　香，放入高汤、猪肚、薏米、枸杞，以大火
　烧沸，加盐、鸡精炖至入味即可。

汤品解说
　　薏米有利水、健脾、除痹、清热排脓的功
效；猪肚具有补虚损、健脾胃的功效，主治脾
虚腹泻、虚劳瘦弱、消渴、小儿疳积等症。故
本品能健胃补虚、除湿利水。

玉米山药猪胰汤

原料
猪胰 ····································1 个
玉米 ····································1 根
山药 ···································15 克
盐适量

做法
❶ 将猪胰洗净，去脂膜，切块；玉米洗净，切
　成2~3段。
❷ 将山药洗净，浸泡20分钟。
❸ 把做法❶、❷的材料放入煲内，加清水适
　量，以大火煮沸后，转小火煲2小时，最后
　加盐调味即可。

汤品解说
　　玉米具有开胃益智、宁心活血、调理中气的
功效；山药亦可以健脾养胃；猪胰有补脾胃的功
效。故本品具有健脾益阴、降糖止渴的功效。

党参鳝鱼汤

原料

鳝鱼 ··· 200 克
党参 ·· 20 克
红枣、佛手、半夏 ·····························各10 克
盐适量

做法

❶ 将鳝鱼去鳞及内脏，洗净切段。

❷ 将党参、红枣、佛手、半夏分别用清水洗净，备用。

❸ 把党参、红枣、佛手、半夏、鳝鱼段一同放入锅中，加适量清水，以大火煮沸后，转小火煮1小时，调入盐即可。

汤品解说

　　党参能补中益气、止渴、健脾益肺、养血生津；鳝鱼有补中益血、治虚损的功效。故本品具有温中健脾、行气止痛的功效。

银杏煲猪小肚

原料

猪小肚 ···100 克
扁豆、白术 ·····································各15 克
银杏 ··10 克
盐适量

做法

❶ 将猪小肚洗净，切丝；银杏炒熟，去壳。

❷ 将扁豆、白术均洗净，一同装入事前准备好的纱布袋中，扎紧袋口，制成药袋。

❸ 将猪小肚丝、银杏、药袋一起放入砂锅，加适量水，以大火煮沸后转小火炖煮1小时，捞出药袋丢弃，加盐调味即可。

汤品解说

　　猪肚可补虚损、健脾和胃；白术具有健脾益气、燥湿利水、止汗、安胎的功效。故本品具有补气健脾、化湿止泻的功效。

白芍椰子鸡汤

原料

白芍······························10 克
椰子、母鸡肉····················各150 克
菜心·····························50 克
盐适量

做法

❶ 将椰子洗净，切块；白芍洗净，备用。
❷ 将母鸡肉洗净切块，氽水，备用。
❸ 煲锅上火倒入适量水，放入椰子、母鸡肉、白芍，煲至快熟时，调入盐，放入菜心煮熟即可。

汤品解说

　　白芍有补血养血、敛阴止汗等功效。白芍、椰子、母鸡肉三者熬汤食用，具有益气生津、清热补虚的功效，对胃及十二指肠溃疡有一定的食疗效果。

补胃牛肚汤

原料

牛肚·····························1000 克
鲜荷叶····························半张
白术、黄芪、升麻、神曲···········各10 克
姜、肉桂、茴香、盐、胡椒粉、料酒、白醋各适量

做法

❶ 将牛肚、白术、黄芪、升麻、神曲均洗净。
❷ 将鲜荷叶垫于锅底，上面放置做法❶的材料，加水烧沸后以中火炖30分钟。
❸ 取出牛肚切成块，放入砂锅，加料酒、茴香、姜、肉桂，以小火慢炖2小时，加胡椒粉、盐、白醋调味，炖至牛肚熟烂即可。

汤品解说

　　本品具有升阳举陷、健脾补胃的功效，对胃下垂有一定的食疗功效。

百合参汤

原料

水发百合 ····································15 克
水发莲子 ·································· 30 克
沙参····································1 根
矿泉水、冰糖各适量

做法

❶ 将水发百合、水发莲子均洗净，备用。
❷ 将沙参用温水清洗，备用。
❸ 净锅上火，倒入矿泉水，调入冰糖，放入沙参、水发莲子、水发百合煲至熟即可。

汤品解说

　　百合可养阴润肺、清心安神；莲子具有补脾止泻、益肾固精、养心安神等功效；沙参有滋补、祛寒热、清肺止咳的功效。本品具有滋阴润肺、消痰止咳的功效。

银耳百合汤

原料

银杏 ·································· 40 克
水发百合 ······························15 克
银耳 ·································· 20 克
冰糖适量

做法

❶ 将银杏洗净；银耳泡发洗净，撕成小朵；水发百合洗净，备用。
❷ 净锅上火倒入水烧沸，放入银杏、银耳、水发百合，调入冰糖煲至熟即可。

汤品解说

　　银杏可敛肺定喘、止带缩尿；百合可清火安神；银耳可滋阴润肺、美容护肤。本品具有补气养血、强心健体的功效。

沙参煲猪肺

原料

猪肺	300 克
沙参片	12 克
桔梗	10 克
盐适量	

做法

❶ 将猪肺洗净，切块，入开水中氽烫。

❷ 将沙参片、桔梗分别用清水洗净，备用。

❸ 净锅上火倒入水，调入盐，放入猪肺块、沙参片、桔梗煲至熟即可。

汤品解说

　　沙参能清热养阴、润肺止咳；桔梗可宣肺祛痰、利咽排脓；猪肺可补虚止血。本品具有滋阴润肺、益气补虚的功效。

罗汉果杏仁猪蹄汤

原料

猪蹄	100 克
杏仁、罗汉果	各10 克
姜、盐各适量	

做法

❶ 猪蹄洗净，切块，入开水氽烫，捞出洗净；姜洗净切片；杏仁、罗汉果均洗净。

❷ 把姜片放进砂锅中，注入清水烧沸，放入杏仁、罗汉果、猪蹄块，以大火烧沸后转小火煲炖3小时，加盐调味即可。

汤品解说

　　罗汉果具有清热润肺、止咳化痰的功效；杏仁能止咳平喘、润肠通便。本品对于急性气管炎、扁桃体炎、咽喉炎都有很好的疗效。

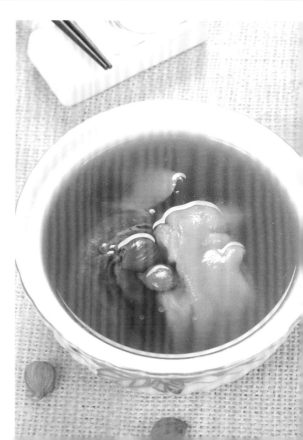

天门冬银耳滋阴汤

原料

银耳..50 克
天门冬..15 克
莲子..30 克
枸杞..10 克
红枣... 7 颗
盐、冰糖各适量

做法

❶ 银耳用温水泡开，择洗干净，撕成小朵；莲子泡发；把少许盐放在清水中待用。
❷ 将天门冬、红枣、枸杞分别洗净。
❸ 汤锅加入放盐的清水，放入银耳、天门冬、红枣、枸杞、莲子，煮至熟，加冰糖即可。

汤品解说

　　银耳可补脾开胃、益气清肠；天门冬可滋阴润燥、清肺生津；莲子养心安神；枸杞补血益气。本品具有滋阴润肺、美容养颜的功效。

椰子杏仁鸡汤

原料

椰子……………………………………1 只
杏仁……………………………………… 9 克
鸡腿肉………………………………… 45 克
盐适量

做法

❶ 将椰子汁倒出；杏仁洗净；鸡腿肉洗净，切块，备用。
❷ 净锅上火倒入水，下入鸡块汆水洗净。
❸ 净锅上火倒入椰子汁，下入鸡块、杏仁烧沸煲至熟，调入盐即可。

汤品解说

　　椰子有生津止渴、利尿消肿的作用；杏仁可祛痰止咳、平喘润肠。本品具有润肺止咳、下气除喘的功效。

鸽子银耳胡萝卜汤

原料

鸽子……………………………………1 只
水发银耳、胡萝卜………………………各20 克
盐适量

做法

① 将鸽子洗净,剁块,余水;水发银耳洗净,
撕成小朵;胡萝卜去皮,洗净,切块备用。
② 汤锅上火倒入水,下入鸽子块、胡萝卜、水
发银耳,调入盐煲至熟即可。

汤品解说

　　银耳具有润肺生津、滋阴养胃、益气安
神、强心健脑的功效;鸽肉能解药毒、调精益
气。本品具有滋养和血、滋补温和的功效。

杏仁苹果生鱼汤

原料

南、北杏仁……………………………各9 克
苹果、生鱼……………………………各500 克
猪瘦肉…………………………………150 克
红枣……………………………………20 克
姜、盐各适量

做法

① 猪瘦肉洗净,余水;南、北杏仁用温水浸
泡,去皮,去尖;苹果去皮、核,切成4块。
② 生鱼处理干净;姜洗净切片;炒锅下油(原料
外),爆香姜片,将生鱼两面煎至金黄色。
③ 将清水放入瓦煲内,煮沸后加入做法①、②
的材料和红枣,以大火煲滚,再转小火煲
2.5小时,加盐调味即可。

汤品解说

　　杏仁能祛痰止咳,苹果能生津止渴。故本
品具有清热祛风、润肺美肤的功效。

鱼腥草乌鸡汤

原料
鱼腥草⋯⋯⋯⋯⋯⋯⋯⋯⋯⋯⋯⋯ 20 克
乌鸡⋯⋯⋯⋯⋯⋯⋯⋯⋯⋯⋯⋯⋯半只
红枣⋯⋯⋯⋯⋯⋯⋯⋯⋯⋯⋯⋯⋯ 5 颗
盐、味精各适量

做法
❶ 将鱼腥草洗净；乌鸡洗净，切块；红枣洗净，备用。
❷ 锅中加水烧沸，放入鸡块汆烫。
❸ 净锅加入1000毫升清水，煮沸后加入做法❶、❷的材料，以大火煲开，再转小火煲2小时，最后加盐、味精调味即可。

汤品解说
　　鱼腥草具有消肿疗疮、利尿除湿的功效；乌鸡能平肝祛风、益肾养阴。本品具有清热解毒、消肿排脓的功效，对肺炎、乳腺炎、中耳炎等均有较好的食疗辅助作用。

杜仲羊肉萝卜汤

原料
杜仲⋯⋯⋯⋯⋯⋯⋯⋯⋯⋯⋯⋯⋯ 5 克
羊肉⋯⋯⋯⋯⋯⋯⋯⋯⋯⋯⋯⋯ 200 克
萝卜⋯⋯⋯⋯⋯⋯⋯⋯⋯⋯⋯⋯⋯ 50 克
羊骨汤⋯⋯⋯⋯⋯⋯⋯⋯⋯⋯⋯400 毫升
姜、盐、味精、料酒、胡椒粉、辣椒油各适量

做法
❶ 将羊肉切块洗净，汆去血水；萝卜洗净，切成滚刀块；姜洗净切片。
❷ 将杜仲用纱布袋包好，同羊肉块、羊骨汤、萝卜块、料酒、胡椒粉、姜片下锅，加水烧沸后以小火炖1小时，加盐、味精、辣椒油即可。

汤品解说
　　杜仲具有降血压、补肝肾、强筋骨、安胎气等功效；萝卜能下气消食、除疾润肺、解毒生津、利尿通便；羊肉能温补脾胃。本品可增强血液循环、促进新陈代谢、增强人体免疫力。

百合莲藕炖梨

原料

鲜百合······························ 200 克

梨 ··································· 2 个

莲藕·································· 250 克

盐适量

做法

❶ 鲜百合洗净，撕成小片状；莲藕洗净，去节，切成小块；梨削皮，切块备用。

❷ 把梨块与莲藕块放入清水中煲2小时，再加入鲜百合片，煮10分钟，加盐调味即可。

汤品解说

　　梨有止咳化痰、清热降火、养血生津的功效；百合益气安神。本品具有泻热化痰、润肺止渴的功效，适合高血压、失眠多梦患者食用。

丝瓜鸡片汤

原料

丝瓜································150 克

鸡胸肉······························ 200 克

姜、生粉、盐、味精各适量

做法

❶ 将丝瓜去皮，切块；鸡胸肉洗净，切片；姜洗净，切片。

❷ 将鸡肉片用生粉、盐腌渍入味。

❸ 锅中加水烧沸，下入鸡肉片、丝瓜块、姜片煮6分钟，待熟后调入味精即可。

汤品解说

　　丝瓜可清热解毒、凉血止血、通经络、行血脉。本品能润肺化痰、美肌润肤，有清暑凉血、祛风化痰的功效。

百部甲鱼汤

原料

甲鱼·····················500 克
生地·····················25 克
知母、百部、地骨皮·····················各10 克
鸡汤·····················1000 毫升
姜片、盐、料酒各适量

做法

1 将甲鱼处理干净，去壳，切块，汆烫捞出洗净；将生地、知母、百部、地骨皮均洗净，一同装入纱布袋中，扎紧袋口，制成药袋。

2 锅中放入甲鱼块，加入油（原料外）、鸡汤、料酒、盐、姜片，以大火烧沸后，转小火炖至六成熟，加入药袋，继续炖至甲鱼肉熟烂，去掉药袋即可。

汤品解说

　　百部可润肺，主治下气止咳、杀虫，能用于新久咳嗽、肺痨咳嗽、百日咳等；知母可清热泻火、滋阴润燥。故本品能退虚热、滋阴散结。

虫草鸭汤

原料

冬虫夏草·····················2 克
枸杞·····················10 克
鸭肉·····················500 克
盐适量

做法

1 鸭肉洗净切块，放入开水中汆烫后冲净。

2 将鸭肉、冬虫夏草、枸杞一同放入锅中，加水至没过材料，以大火煮沸后转小火继续煮60分钟，待鸭肉熟烂，加盐调味即可。

汤品解说

　　冬虫夏草具有补肺平喘、止血化痰的功效；鸭肉有滋补、养胃、补肾、消水肿、止热痢、止咳化痰等作用。故本品不仅可润肺，还能强阳补精、补益体力。

桑白润肺汤

原料

排骨······500 克
桑白皮······20 克
杏仁······10 克
红枣······20 克
姜、盐各适量

做法

❶ 排骨洗净，切块，放入开水中余去血水。

❷ 桑白皮洗净；红枣洗净；姜洗净，切丝。

❸ 把排骨块、桑白皮、杏仁、红枣放入盛有开水的锅中，以大火煮沸后转小火煲2小时，加入姜丝、盐调味即可。

麻黄陈皮瘦肉汤

原料

猪瘦肉······200 克
麻黄、射干······各10 克
陈皮······10 克
盐适量

做法

❶ 陈皮、猪瘦肉分别洗净，切片；射干、麻黄均洗净，一同煎药汁，去渣备用。

❷ 锅中放少许食用油（原料外），烧热后，放入猪瘦肉片，煸炒片刻。

❸ 加入陈皮、药汁，加少量清水煮熟，再放入盐调味即可。

杏仁无花果煲排骨

原料

排骨······200 克
南、北杏仁······各10 克
无花果······10 克
盐、鸡精各适量

做法

❶ 排骨洗净切块；南、北杏仁与无花果均洗净。

❷ 排骨放开水中余去血渍，捞出洗净。

❸ 锅中加适量水烧沸，放入排骨、无花果和南、北杏仁，以大火煲沸后转小火煲2小时，加盐、鸡精调味即可。

首乌黄精肝片汤

原料

何首乌、黄精……………………………… 各10 克

猪肝……………………………………… 200 克

胡萝卜………………………………………1 根

蒜薹…………………………………………80 克

葱、姜、盐各适量

做法

① 将何首乌、黄精洗净，一同煎水，去渣留汁；胡萝卜洗净切块；猪肝洗净切片；蒜薹、葱均洗净切段。

② 将猪肝片用开水汆去血水。

③ 将药汁煮沸，将其余所有食材（盐除外）放入锅中，加盐煮熟即可。

汤品解说

　　何首乌可补肝益肾、养血祛风；黄精能补气养阴、健脾、润肺、益肾。故本品可补肾养肝、乌发防脱、补益精血。

核桃仁杜仲猪腰汤

原料

核桃仁………………………………… 50 克

猪腰…………………………………………100 克

杜仲……………………………………………10 克

盐适量

做法

① 将猪腰洗净，切小块；杜仲洗净。

② 将核桃仁、杜仲放入炖盅内，再放入猪腰块，加入清水。

③ 将炖盅放置于炖锅中，炖1.5小时，调入盐即可。

汤品解说

　　杜仲可补肝肾；核桃仁可补肾温肺、润肠通便；猪腰具有补肾气、通膀胱的功效。本品可补肾强腰、强筋壮骨，对肾虚所致的腰椎间盘突出症有食疗作用。

熟地羊肉当归汤

原料
熟地、当归·····························各10 克
羊肉·································175 克
洋葱·································50 克
盐、香菜各适量

做法
1 将羊肉洗净，切片；洋葱洗净，切块。
2 汤锅上火倒入水，下入羊肉片、洋葱块、熟地、当归，调入盐煲至熟，最后撒上香菜即可。

汤品解说
　　熟地具有补血滋润、益精填髓的功效；当归活血补血；洋葱能预防癌症。本品有助阳气生发的作用，是进补养生的食疗佳品。

甲鱼芡实汤

原料
芡实·································15 克
枸杞·································5 克
红枣·································4 颗
甲鱼·································300 克
姜片、盐各适量

做法
1 将甲鱼处理干净，斩块，汆水。
2 将芡实、枸杞、红枣分别洗净。
3 净锅上火倒入水，放入盐、姜片，下入甲鱼、芡实、枸杞、红枣煲至熟即可。

汤品解说
　　芡实补中益气、滋养强身；甲鱼有固肾涩精、健脾止泻的功效。本品具有滋阴壮阳、强筋壮骨、补益体虚、软坚散结、延年益寿的功效。

巴戟羊藿鸡汤

原料

巴戟天、淫羊藿 ························· 各15 克

红枣 ··································· 8 颗

鸡腿 ··································· 1 只

盐、料酒各适量

做法

① 将鸡腿剁块，汆烫后捞出冲净。

② 将除盐、料酒外的所有原料盛入煲中，加水以大火煮沸，转小火继续炖30分钟，加料酒、盐调味即可。

汤品解说

　　巴戟天可补肾助阳、强筋健骨；淫羊藿可补肾壮阳、祛风除湿。本品可用于治疗阳痿遗精、筋骨痿软、风湿痹痛、麻木拘挛等症。

黄精骶骨汤

原料

肉苁蓉、黄精 ························· 各10 克

猪尾骶骨 ······························ 1 副

胡萝卜 ································· 1 根

银杏粉 ································· 5 克

盐适量

做法

① 猪尾骶骨洗净，入开水汆去血水备用；胡萝卜冲洗干净，削皮，切块备用；肉苁蓉、黄精均洗净备用。

② 将肉苁蓉、黄精、猪尾骶骨、胡萝卜块一起放入锅中，加水至没过所有材料。

③ 以大火煮沸，再转小火继续煮30分钟，然后加入银杏粉煮5分钟，加盐调味即可。

汤品解说

　　肉苁蓉具有补肾壮阳、填精补髓、养血润燥等功效。故本品可补肾健脾，益气强精。

虫草炖雄鸭

原料

冬虫夏草 ··· 2 克

雄鸭··· 1 只

葱、姜、盐、味精、陈皮末、胡椒粉各适量

做法

1. 将冬虫夏草用温水洗净；姜洗净切片，葱洗净切花。
2. 将鸭处理干净，切块，氽去血水，捞出。
3. 将鸭块与虫草用大火煮沸，再用小火炖软后，加入姜片、葱花、陈皮末、胡椒粉、盐、味精调味即可。

汤品解说

冬虫夏草有止血化痰、秘精益气、美白祛黑等多种功效；鸭肉则有滋补、养胃、补肾的功效。故本品具有益气补虚、补肾强身的作用。

虫草红枣炖甲鱼

原料

甲鱼 ··· 1 只

冬虫夏草 ··· 5 克

红枣、紫苏 ··· 各10 克

葱、姜、盐、料酒各适量

做法

1. 甲鱼收拾干净切块；姜洗净、切片，葱切段；冬虫夏草、红枣、紫苏分别洗净备用。
2. 将甲鱼放入砂锅中，上面放虫草、紫苏、红枣，再加入料酒、盐、葱段、姜片，炖2小时即可。

汤品解说

甲鱼营养丰富，有清热养阴、平肝熄风、软坚散结的功效；冬虫夏草有补肺益肾、止血化痰、秘精益气等多种功效。故本品具有益气补虚、补肾、养肺补心的功效。